午前零時の自動車評論

17

沢村 慎太朗

目次

素材と調理

宵の口の横浜で試乗車を受け取った。明日もまた同じ時間にここで引き取る。ともにBMWの3シリーズ。今晩が330iで、明晩が320d xDriveだ。

2018年のパリ・サロンで新型G20系3シリーズは一般公開された。このG20系で何よりも特筆すべきはプラットフォームだ。CLAR（Cluster Architecture）プラットフォームが適用されたのだ。12代目E210系カローラが現行50系プリウスやC-HRと同じTNGA世代の車台を使うとかいう話とは、それは全く違う。CLARは現行のG30系5シリーズやG11系7シリーズも用いるプラットフォーム。つまり、3シリーズと5シリーズと7シリーズという大中小の基幹セダン3種が同じ車台を分け合うのだ。前の世代では先代F10系5シリーズと先代F01系7シリーズがプラットフォームを共用していた。俗っぽく言えば「長いのが7で短いのが5」だったわけである。その変奏曲に3シリーズまでが加わったわけだ。

かなり強引に思えるそういう方策に至ったのは、おそらくハイブリッドモデル配備への積極性という要因があるのだと思う。

ドイツは国際金融が歴史的に弱く、外貨収入は製造業、とりわけ自動車産業が大黒柱となっている。その自動車に世界市場で抜きんでたプレゼンスを持たせるため、ドイツは官民学一体でグランドデザインを描いてきた。その絵図の主題は１９９０年代においては車体の衝突安全性であり、00年代においては直噴ディーゼルだった。そして来る２０２０年代を目指して彼らは化石燃料から電気エネルギーへの全面移行をテーマとして掲げることにした。

これぞ正義と誇らしげなドイツに対して、莫大なものになるその電気はどうやって作るのだというもっとも至極な疑問が浮かぶのが真っ当な大人であろう。にもかかわらず彼らは本気でそこに向かっている。ドイツ民族資本メーカーの利益の半分以上を生み出している中華人民共和国が電気自動車に舵を切る政策を採ったことも現実の商売の上では大きいのだろう。

とはいえ現実的にいきなり電動車への完全移行は不可能でもある。そこで橋頭堡のひとつとしてガソリンエンジンとモーターを併用するハイブリッド車の第一線配備に彼らは乗り出した。プラグイン式ハイブリッドの燃費計測基準にトリックを仕込んで、トヨタＴＨＳハイブリッドを不利に陥れるなど、いつものように、細工は流々仕上げをご覧じろの構えである。

こうして新型G20系3シリーズでも、サフィックス「i」のガソリン車と「d」のディーゼル車という中軸軍に加えて、「e」を与えたハイブリッド車を先鋒として押し出す戦略が採られたのだ。加えて彼らは近い将来における完全電動車の配備も視野に入れているという。二の矢だけでなく三の矢も既に弓につがえているわけだ。

さて、そうなると問題になるのは電池の置き場所である。

全固体電池が自動車に必要な容量で実用化されるには未だ暫しの時間が要るから、当面はリチウムイオン電池を使うしかない。だが、「これはお試しじゃなくて実用です」と謳い上げるべくそれなりの体積となる電池を車体に収めるにはパッケージ上の困難が伴う。ミニバンやSUVのような背高車ならば、垂直方向に余裕があるし、背の低い車種でもFFなら平たくしてキャビンの床下に敷き詰める形で収めることもできる。かつてBMWは自身もi3でそれを試行している。しかし3シリーズではそうはいかない。FRだとフロアの真ん中をプロペラシャフトが貫通する。ゆえに床下で捻り出せる容積は限られる。完全電動車ならモーター駆動系とともにリアセクションに集中配置する手もあるが、ハイブリッドや内燃機車まで同じプラットフォームで作りたい現状の過渡期では、ペラシャフトを前から後ろへ渡すセンタートンネルは必須なのだ。

どうせセンタートンネルが要るのなら、これを思い切って大型化すれば——i8でそうしたように——電池や制御系を収めるスペースの余裕がそこに生まれる。G20系デビューと同時に戦列配備された330eは、ハイブリッドだから電池は巨大には至らず、後席下の燃料タンクの容量を削って、そこに収めることができているが、将来的に完全電動車になったときはトンネルの大きさが生きる。

こういう戦略を立てたとき問題になるのは嵩張る電池を収めるトンネルの大きさに下限が生まれることである。7シリーズでも3シリーズでも、センタートンネルの大きさはあまり差がなくなる。従来のように縮小拡大コピーの設計はできないのだ。であれば、いっそ同じフロア構造を持つ同じプラットフォームにしてしまおう……。これがBMWの思考プロセスだったのではないかと推測できるのである——。

330iは伊勢佐木町にほど近い街路に停まっていた。時間が中途半端なのか行き交う人影は疎らだ。通るクルマも少ない。このまま静態観察をしてみよう。

とりあえず少し離れて体躯を眺める。

先代F30系に比べると幅広くなったように見える。寸法の数字ではそうではないのだが。

	全長	全幅	全高	軸距	輪距
330i（G20）	4715×	1825×	1430㎜	2850㎜	1585／1570㎜
320i（F30）	4625×	1800×	1440㎜	2810㎜	1530／1570㎜

これは日本法人の公式表記。しかし本国での先代F30系の全幅は1811㎜と表記されていた。旧いパレット式パーキングでは全幅の車検証記載値が1.8mを超えると拒否されるという日本の特殊な駐車インフラを重視して、BMW日本法人は先々代E90系の後期型からドアハンドルを平板なものに替えるなどの対策を本国に採ってもらって全幅を強引に1800㎜に押し止めているのだ。しかし7シリーズや5シリーズも使うCLARプラットフォームを与えられた現行G20系では、ついに全幅は日本仕様の表記でも1.8mを踏み越えた。

ちなみに現行G20系3シリーズの標準全高は1440㎜であり、このクルマは1430㎜。つまりライドハイトは10㎜ローダウン。そうなのだ。試乗車は、あのMスポーツ仕様。日本に導入される330iはMスポーツ仕様だけなのだ。嗚呼……。

とりあえず今はそれは措いておこう。1㎝ほどしか増えていないのに、なぜ現行G20系3シリーズが先代よりも幅広に見えるのか。頭を捻っていたら、たまさか横を先代F30系の白い3シリーズが通り過ぎていった。伊勢佐木町のほうに向かっていくその3シリーズのお尻を眺めたら合点がいった。幅方向に関する彼我の印象の違いはリアまわりの意匠ゆえなのだ。先代は後ろに向かって側面を絞り込み、さらにはリアのコンビネーションランプの両端が側面まで回り込んでいた。それゆえテール面が小さく見えた。かたや現行は絞り込みも強くなく、コンビネーションランプはテール面に収まって、しかも横長に造形されている。そのせいで、ずっと車体がワイドに見えるのだ。

というわけで心象的にもずいぶん立派に見えるG20系に暫し嘆息したのち、内装観察に入る。渡されたリモートトキーでロックを解除してドアを開け、運転席に乗り込む。すると目を射る電飾の光。「お前もか」の呪詛が思わず口を衝きそうになる。

だが、それが音声になる前に気づいた。視れば電飾は、手前に向かって張り出したダッシュボードの峰の部分と、ドア内張り肘かけ部分の峰に、細長くあしらわれているだけだ。ｉＤｒｉｖｅをあれこれ弄ってみると、白、青、橙、赤銅、紫、緑の６色で切り替えられ、加えて２トーンになったり等の付加モードも盛り込まれていることが分かった。その全てを試してみたら、色合いはどれもまずまず抑制が効いていて、ベンツのそれのように場末のスナックまがいの下卑た電飾には堕しておらず、何と言えばいいか、若者が好む今風のバーくらいの風情に留まっている。しかも、夜間走行時には減光するモードまであることも分かった。

かの如き電光加飾の有様を確かめたおれの脳裏に、ＢＭＷのデザイン現場の図が浮かんだ。ベンツの例を持ち出して「ウチもやらないと乗り遅れる」と迫るマーケティング部門。それに対して、場末のスナックが正しいＢＭＷの運転環境とも思えず懊悩するデザイナー。

下品だろうと卑しかろうと売れるものが正義だとするゼニ儲け至上の立場と、社のそして己の誇りから恥ずかしくないよう意匠に品性を保とうとする作り手の自律心の相克だ。そのせめぎ合いの末、こういう電飾に落ち着いたのだろう――。

これはおれの勝手な想像である。しかし、当たらずと言えど遠からずだろうと思う。世俗の流行り廃りに無関心でいろとは言わない。ときには軽佻浮薄に暫しの浮気をするのもクルマの楽しみのひとつである。そこを踏まえて譲れない線ギリギリに踏み止まったG20系の内装デザインは、好ましくはないけれど、悪くない仕事ではないか。

電飾でざわついた心が落ち着いたところで、いつもの運転環境の検分に移る。

運転席は座面の最低位置がかなり低い。その低い座面でも運転できないことはないが、総体的にコラムの位置が高いために、どうしてもステアリングリムにぶら下がるような体勢になってしまう。このあたりはE90系からそうだ。許容するドライバーの体型の幅を一気に広げたのだと思う。とはいえ、身長2mくらいは楽に対応できそうな座面の低さでは日本人の平均そのものの身長であるおれには不適なので、さっさと座面を持ち上げる。このときケツのほうだけが持ち上がるだけの吝嗇った仕掛けだと、座面が前下がりになってしまうので、前後が別に調整できるハイト調整機能は必須だ。この330iには電動のそれが装備されていたので、そこは問題なし。

次にバックレストの角度を決める。ヘッドレストがけっこう手前のほうまで張り出している。これはバックレストを倒し気味にした状態がパッケージ設計時のデフォルト姿勢であることを物語る。その示唆に基づいてヘッドレストと後頭部の間隙がちょうどよくなるようにリクラインの角度を調整していったら、やや強めに寝たところで収まりがよくなった。サイドサポートの按配も、その体勢に即している。

こうなると心配なのが、相対的に遠くなるステアリングリムへのリーチだ。しかし、そこは抜かりなく、G20系のテレスコピック調整の幅は業界最大の60㎜を確保していて、180度転舵まで握り替えないBMW流の操舵方法をきちんと採ることができる。ちなみに、チルト調整の幅は、テレスコを手前一杯に引き出した状態でリム位置が40㎜上下するくらい。アップライトに座らせる実用2BOXだと60㎜は欲しくなるが、低めに寝そべり気味に座って高めのコラムから伸びるステアリングリムを握るこの姿勢だと、まあ40㎜あれば困ることは少ないだろう。

姿勢が決まったら、お馴染み操作系配置の検分である。

ステアリング軸はシート座面のど真ん中と一致するところにあった。まずそこは合格。

次にブレーキ。ペダルがステアリング軸に対してはっきり右側にある。人間の右足は身体の真ん中から生えているのだと言い張っているようなどこぞのFF用TNGAと違って真っ当である。目出度いことだと慶ぼうとして思い返した。CLARは7シリーズまで使うプラットフォーム。これを想定してフロアの幅はかなり広くなっているはずだ。その幅広フロアに対して窄めた上屋を載せたのが3シリーズなのだ。であればフットウエルが幅方向に余裕があるのは当たり前。ペダルオフセットなぞあっては道理が通らぬ。なくて至極当然であり、褒めるに値はしないのだ。

あれこれ検分をしていたら、そろそろ夜も更けてきた。最後にタイヤの内圧を確認する。

BMWの指定は、3人乗車までが前後とも2.5barで、5人乗車+フル積載が前後2.9bar。BMWの広報車輌は、頭のネジが外れた自動車評論家の運転を想定しているのか、あるいは少しでもリスクを回避したいのか、5人乗車+フル積載の内圧に揃えてあることが多かった。その状態のまま試乗すると、当然ながら後輪が優勢になって走りのバランスを崩した状態で評価することになってしまう。また乗り心地の評価もおかしくなる。

長年連れ添ったミシュランの内圧計で測ると、前後とも2.5barだった。タイヤ踏面を掌で触ると、どうやら走ってきてさほど時間が経ってないようで、人肌くらいの温度だった。それなら、このままで大丈夫だ。


再び330iの運転席に座る。そろそろと大人しく走り出す。すぐに呆気にとられた。これはなんだ。どうなっているのだ。

何が起きたかといえば、エンジン駆動系が盛大にシャクるのだ。まるでマウントが十年穿いたパンツのゴム紐の如くユルユルな伊仏製の横置きFWD車のようである。3代目F40系1シリーズに揃えてG20系3シリーズはFWDになったのかと思った。いや、そんなわけがない。駆動力は明らかに後輪に掛かっている。その証拠にデフが……。おお、そのデフまでマウントが緩くて、印加トルクに対してだらしなく蠢くではないか。つまりエンジンからデフまでの駆動系の全体がシャクっているのだ。

こちらのアクセルの扱いが雑すぎるのではとか、パワートレインの制御切り替えがイケイケなモードに入っているのではないかとか、色々と気を回してみた。だが、赤信号で止まるとき、完全に停止した直後にエンジンがヨッコイショとばかりに揺れ返す。そして発進時に強めにアクセルを踏んだりすると、トルクステアのような症状まで顔を出す。ということは、制御とか云々でなくパワートレインの位置決めが度を越してユルすぎるということに他ならない。ＢＭＷは意図的にマウント類をそう設計したのだ。ちなみにエンジンマウントをユルくするのが好きな伊仏のＦＷＤ車は、出力調整が電制スロットル化されたことを奇貨として、アクセルを入れたときの馬力の立ち上がりをナマす制御を仕込んで、シャクリの悪癖を抑え込んだ。そういう対症療法が施された形跡もあまりない。３３０ｉはひところのプジョーやフィアットみたいにパワートレインをジタバタ震わせながら走るのだ。

停止時のヨッコイショを幾度も観察するうち、その揺れ返しがパワートレイン支持のユルさだけに起因するわけではないことを発見した。アシまわりのブッシュ弾性も過大なのだ。多くのドライバーは停止時にブレーキを少しだけ抜く習慣が身についているだろう。ブレーキを抜かずに減速したままの踏力で停まると、その反動で上屋が前後に揺れ返す。このときブレーキングによって回転が止められるタイヤ／ホイールと、ばね上のあいだに挟まれた要素にコンプライアンスが大きく含まれると、盛大にヨッコイショが反復する。アルファスッドなど前輪インボードディスクのＦＷＤ車がそうだった。前進しようとする慣性が残るばね上と、回転を完全に停められたタイヤ／ホイールの板挟みに遭って、細いハーフシャフトが捩じれて、そして戻る。そんな前輪インボードブレーキの車輛を思い出すほどＧ20系は大袈裟にヨッコイショする。縦置きＲＷＤでアウトボードブレーキの３シリーズがそうだということは、アシまわりに仕込まれるブッシュの弾性が、それだけユルユルということなのだ。ブッシュのユルさといえば、トヨタに代表される往年の日本車を思い浮かべそうだが、あちらはユルユルというよりスカスカでヘロヘロな感じだった。こちらは容量のほうは確保されていつつ、必要以上にぐにゃりと柔らかいといった感触である。

停止する寸前のエンジンブレーキの効きが安定しないという欠点も３３０ｉにはあった。原因は明白。Ｇ20系でＢＭＷは「回生ブレーキを採用した」と自慢している。ハイブリッドではない車種までそう主張している。調べてみれば何のことはない。ただのオルタネーター回生である。加速時に発電するオルタネーターを、減速時にも発電機として働かせて、このときの僅かな利得を回生だ回生だと喧伝しているのである。その過大気味の宣伝はいいとして、制御が雑なのである。ブレーキペダルを踏んで車速が徐行くらいに落ちてきたところで、いきなりオルタネーター発電が割り込み、そのぶんエンジンブレーキが急に増大する。そして停止寸前にエンジン回転がアイドルに戻るあたりで急に回生をやめる。BMWのオルタネーター回生はE84系初代X1のときにお目見えしたと記憶している。あのX1のオルタネーター回生も下手糞だったが、これはそれ以上だ。10年経って腕が落ちるわけはないから、そういう細かいところまでG20系は磨かれずに市場投入してしまったのだろう。

そんなことを考えながら、スタジアム脇を過ぎ、かつてのヤサの近くを通り、トンネルをくぐって本牧方面に向かう。

路面を知悉しているそのコースを走っていて気がついた。ボディがおそろしくカタい。

上屋はカタいけれど相対的にフロアに弱さを感じるVWのような例もあるが、それとは違って畏れ入るほど床は強靭である。その頑健さがエンジン駆動系マウントのユルさを際立たせているのだろう。それに気がついて、330iを引き取った場所の近くに住む担当編集者を携帯電話で呼び出す。走行中に後ろに座って、つぶさにボディ剛性の按配を検分する必要を感じたのだ。担当編集者は整った強面。見た目こそ怖そうだが実は繊細で優しい。いったん自宅で寛ぐモードに移行していたであろうに、ふたつ返事で引き受けて出てきてくれた。

後ろに席を移してボディの様子を観察する。編集者は高速に乗りましょうかと言ってくれたが、下道を流してくれればいいと返事する。ボディの様子は、半端に飛ばすよりも、ゆっくり低周波が入る低速のほうが気取りやすかったりするのだ。

まずリアドアのサッシのBピラーに近いところとルーフサイドレールのあいだに指をこじ入れる。路面不整からの入力に反応してブルブルと震えている。次に、サイドレールが垂れ下がってCピラーを形成していくあたりまで指を移す。少し減ったが、まだブルブルしている。今度はCピラーがリアシェルフと出遭うあたりに指を入れる。ブルブルがなくなった。なるほど。そういうことか。

かつてBMWのボディは、Cピラーまわりがガチガチにカタかった。アクセルの動きに即応して意のままにできるBMWのリアの振る舞いは、そのカタいリア上屋がもたらしていた。Mともなるとカタさは基準車よりも顕著であった。

かたやベンツは2世代前までリア上屋をユルく仕立てていた。意図的にそう作ることで、リアに加わるトルク変動や急なリアの振り出しをボディで呑み込むように狙っていたのだ。アウディは前後トルク配分を50：50に設定していたころまで、Bピラーから後ろはベンツと同じように意図的にユルく仕立てていた。それが打倒BMWを目指してファン・トゥ・ドライブ方向の旗印を上げるようになったとき、前後トルク配分をリア寄りにするとともに、リア上屋がガチガチに硬められた。理路整然の当然至極である。

さて。G20系3シリーズのリア上屋は、かつてのようにCピラーまわりまでガチガチというわけではなかった。その代わりにCピラー基部を左右に結ぶリアシェルフの部分でボディ後半を硬めている。

これはふたつの理由で腑に落ちる。ひとつはCLARプラットフォームをフロント縦置きエンジン後輪駆動（その拡張型としての全輪駆動）の全モデルに敷衍するというBMWの戦略ゆえだ。CLARプラットフォームは3／5／7シリーズの基幹セダン戦列のみならず、プレフィクスにXを冠するSUV系モデルにも使用される。これらSUVは、右記の基幹セダン3種を下敷きに設計されるが、その上屋は当然ながらセダンと形状が違ってくる。ハッチゲートを持つから、キャビン後端はCピラーで締め括るのではなくDピラーまであり、そしてリアゲートが嵌め込まれた車体最後部には広大な開口部が空いてしまう。そうした車体構成のSUVとコンベンショナルな3BOXセダンで多くの箇所を共用したい——そもそもプラットフォーム戦略はそこが狙いだ——ならば、Cピラー部に頼りたくなくなる。

CLARプラットフォームが現行G11系7シリーズで初登場したときに、BMWはその車体の剛性に関わる勘所を炭素繊維強化樹脂の追加ブレースで補強している様子を実物公開した。このG20系3シリーズは様々な資料写真を見たところ、そのような補強は見当たらないのだが、全高が上がって形状的にも剛性が厳しくなるSUV系においては採用して、リアシェルフ部やリア隔壁がなくなる不利を補おうとしているのだろう。

いまひとつはM3などの高性能バージョンにおける超高負荷走行時への配慮だ。

現行R35系GT-Rは登場した時点では、世界のトップクラスに比肩する図抜けた車体剛性を有していた。上屋後端部も十分以上にカタかった。そのカタさは、G20系と同様にリアシェルフ部分の仕立てで担保していて、Cピラーからルーフサイドレールにかけての上部には多くを頼っていないとの由だったが、それでもリア上部は少しカタすぎるきらいがあると思っていた。それは実は仙台ハイランドで開かれた試乗会での黒沢元治さんの指摘に示唆されたことだった。黒沢さんは、ニュルブルクリンク北コースでの全力走行時に、あれではカタすぎて、4輪が宙に浮いた状態からの着地時などの超過大な入力負荷に対して車輌の挙動が落ち着かないはずだというような言いかたをしていた。

おれはもちろんニュル北など走ったこともないのだが、首都高C1都心環状線外回り屈指の難所として知られる所謂『霞ジャンプ』で似たことを感じたことがあった。あそこで感銘を受けざるを得ない振る舞いをしたのは997系の後期型911カレラ4で、加速状態のまの着地をしたとき、997系カレラ4のリアはだらしなく蠢くことはなく、しかし入力を事もなく呑み込んで実に見事だった。十分に頑健ながらカタすぎず強烈なボディへの入力に対して融通が利くというすばらしいそれは車体だった。それに比べて、そこを同じように走ったときのR35系GT-R初期型は、あくまでカタいボディ後半が、その入力を跳ね返すような振る舞いをちらりと見せたのだ。両者の差異についてのこの感想は後期型R35系のチーフプロダクトリーダー田村氏へのインタビュー時に話してとりあえず納得してもらっている。

そうした極限状態での剛性の按配を細かく加減するのであれば、基礎となる剛さをCピラー部でなくリアシェルフ部で確保しておいたほうが、仕事がややこしくなりにくいだろう。CLARプラットフォームは、来るM3や次世代M5などの開発に備えて、予めこういう構成を採ったのかもしれない。

そこまで分かったら運転してもらう必要はもうない。編集担当者を住まいまで送り届けて、石川町ランプから高速道路に上がって東名へ向かう。

その道程で分かったのは、エンジンに何の驚きもないことだった。

日本に導入されたG20系3シリーズは（試乗した2019年秋の時点では）エンジンは3種類。ガソリン4気筒の高出力版と低出力版、そしてディーゼル4気筒だ。前者はB48B20型、後者はB47D20型。同じブロックを共有するモジュラー設計ユニットである。ただし、その3種のエンジンは前の世代で既に登場している。

□G20系330i　258ps／5000rpm　40・8kgm／1550〜4400rpm

□G20系320i　184ps／5000rpm　30・6kgm／1350〜4000rpm
□G20系320d　190ps／4000rpm　40・8kgm／1750〜2500rpm
□F30系330i　252ps／5200rpm　35・7kgm／1450〜4800rpm
□F30系320i　184ps／5000rpm　27・5kgm／1350〜4600rpm
□F30系320d　190ps／4000rpm　40・8kgm／1750〜2500rpm

この一覧を見れば分かるように、エンジン形式も一緒なら、性能値もほぼ同じ。微差はあるが、排ガス規制内容の違いなどに因るものだろう。

既述のようにドイツは内燃機を捨てて原動機をモーターに全振りする国策に踏み切った。これに基づいて、ドイツの主要自動車メーカーは130年以上も頼りにしてきた内燃機の新規開発を中止し、例外的に必要が出たときは設計コンサルタント会社への外注に頼ることにした。そして、そちらへの全面移行の前段階にある現行車種の原動機は、既存のそれをそのまま使うことにした。しかも多くの機種の生産をドイツ国内の主力工場から、北南米をはじめとする二線級工場へ転換しつつある。そしてBMWも現行車種に載せるエンジンのリニューアルをすることなく、前世代のそれをそのまま流用することにしたのだ。

こういう事情が分かりきっていたので、G20系3シリーズの動力性能には何の新鮮味も期待していなかった。そして330iは走らせてみてもそのとおりだった。B48B20型ガソリン4気筒ツインスクロールターボは、過給遅れが顕著ではないがそこそこあり、中回転域での押し出し感は十分以上にあるけれど、トップエンドに近くなっていくと躍度は尻すぼみになる。つまり、ダウンサイズ過給ガソリンエンジンの見本のようなそれである。330iは、少なくとも200km/h近辺までなら遅くはない。けれど加速で情緒がかき立てられるような自動車ではない。

言い添えると、高速シークエンスにおいては先述のシャクリは目立たなくなった。エンジンがそこそこ廻っている状態で強い加速要求をしても、たかだか258psの2ℓくらいではトルクの急変は起きにくいし、リスクに鑑みて制御コンピュータがそれを阻止するだろう。というよりも、アクセルの踏み離しに応じての電スロの制御が、こうした高速走行に重点を置いて仕立てられているような感じがした。

ここで言い添えておきたいのがメーター盤のことだ。

メータークラスターの意匠に関して、世界中が子供じみたお祭り騒ぎに出ていく中、ＢＭＷは運転時の視認性という観点をしっかり見据えて疎かにせず、保守的なデザインを頑なに踏襲してきた。立派な姿勢である。ところが、Ｇ20系３シリーズでは俗世間の風潮の圧力に屈したのか、速度計とタコの盤面が旧来の丸型でなく、デザインの遊びを取り入れたものになった。クラスターの中央に配されて各種の付随情報を映し出す大きめの液晶画面を挟んで、左側に速度計、右側にタコというレイアウトなのだが、その両メーターの盤面が円形でなく、半円形でもなく、両端を＜＞の形に尖らせたいびつな五角形なのだ。しかも、その数字は等分に刻まれるのでなく、上へ行くほど数字が急激に増えていく不等間隔。例えば、左の速度計は、＜型に出っ張るところが50㎞／ｈ、その直ぐ上に１００㎞／ｈがあるという按配だ。一方で、右のタコメーターは＞型に出っ張ったところが２０００ｒｐｍである。

静態観察のとき、おれはこれを見て思った。そうした意匠のメーターだと、指針の収まりがよく見えるその２０００ｒｐｍのところに置きたくなり、指針が常にそこに来るように走りたくなるはずだ。ブーストが立ち上がらず燃費が悪くならない2000rpm+α近辺で常に走らせるよう潜在意識に働きかけるとは深遠なデザインだと思った。

しかし、ZF製8HPを自動変速にしたまま高速を制限速度でクルーズしていると、エンジン回転はもっとずっと低い1300rpmを指す。2018年から適用されるようになったWLTP（国際調和排ガス燃費試験法）は、エリアによって測定条件の区分があり、日本は最高速度97・4km／hのクラス3準高速枠だが、西欧では131・3km／hまでの高速枠となる。その131・3km／hで走ったとしても1700rpm。2000rpmだと飛ばしすぎになるのだ。

そこに気がついて、余計な深読みで見当違いの高評価をしていたと反省した。これはただのデザイナーの遊びである。おれは回すほどにシラケる特性のエンジンで走るときにタコメーターを注視するようなナンセンスな真似はしない。音振で分かる程度でエンジン回転の管理は十分である。それでも、ここまで極端に漸増していく粗い目盛りだと読みにくいことこの上ない。わざわざ液晶表示に変えておいて、旧来の丸型メーターの絵柄を映し出している多くのメーカーのやり口も十分にナンセンスではあるが、もうちと気の利いた意匠を考え出してほしい。トヨタでもデンソーでもなくBMWの前線配備のデザイナーなのだから。ポール・ブラックやクラウス・ルーテが草葉の陰で泣いているぞ。

高速を降りていつもの山岳路に向かうところで、本格的にシャシーの検分に移行することにした。

この面に関しては事前に芳しくない方向の予想をしていた。なにしろ、こいつは悪名高きMスポーツ仕様。おまけに現行G20系のMスポーツには電制ダンパーがオプションで用意され、厄介なことに試乗車に装着されていた。

世に蔓延する電制ダンパーという物体に潜むネガティブ要素は何度も指摘してきた。911やGT-Rなどネガがあからさまにならない程度には抑え込まれている例もあり、E90系以降のM3もそうだった。しかし、これはMスポーツである。G20系のMスポーツは冒頭で書いたようにライドハイトが10㎜落とされている。そのぶん有効ストロークが削られているわけだ。この重畳が佳い方向に寄与するはずがない。

苦々しい思いをしながら走らせていると、予想が杞憂に終わることなく、そのままに現出していることがすぐに気取れた。穏やかに走って車体の揺動が少ないときは、上屋は小さなストロークで常にユラユラと身じろぎを繰り返している。その小さなストロークに対してダンパーがありうべき減衰力を発揮してくれていないのだ。おかげで揚力なぞ出ていないのに、何となく空中を滑空している感じがある。これだけで既に不愉快である。おまけに、不整に遭ってアシが大きめにストロークしようとすると、即座に指1本分ほどのクリアランスで設置されたバンプストッパーに跳ね返され、その反動で揺れ返して、またバンプストッパーに跳ね返される。これが入り乱れ繰り返されながら330iは走る。有効ストロークが基準車と同じくあと10㎜多かったら、ここまで杜撰な脚さばきにはなっていないはずだ。

あまりに不快なので、運転モードをスポーツに変えてみた。すると今度はダンパーの動きが覿面に渋くなる。動き出そうとして、その途端にストロークが止められる例のあれ。不出来な電制ダンパーに典型の不始末である。

もっと宜しくないのはシートとの兼ね合いだ。こうしてストロークが拒まれると上屋が強く揺すられる。この揺れに対して、シート座面コンプライアンスが大きすぎるのである。そのバネ効果のため、揺すられるたびにシートに乗った上半身の質量が逆相に動いてしまって、脊椎や腰椎が上下に圧迫される。不愉快を越えてこれは健康に悪い。およそいっぱしの自動車メーカーであれば、ばね上振動の特性とシート座面コンプライアンスの兼ね合いはしっかりと調律してあるはずで、ＢＭＷがそこを疎かにしているとは考えられない（Ｅ87系1シリーズの極初期型という最悪の例があるにはあったけれど）。となると、これはＭスポーツ仕様を担当した部門が、そこまで気を回すことなく、勝手にアシを決めたのだろう。

それだけではない。アシが動かなくなると、タイヤが轍に取られるようになる。装着タイヤはこれまた厄介なオプションの前２２５／40Ｒ19＋後２５５／35ＺＲ19（欧州仕様の３３０ｉ基準車は前後同サイズの２２５／50Ｒ17）でランフラット。ＢＭＷのランフラットは登場時には酷い振る舞いを露呈したが、タイヤメーカーの努力もあって、ほどなく「決して芳しくはないけれど糾弾するほどではない」くらいに落ち着いた。北米市場における要求から今やベンツまでが使うランフラットが、いきなり昔の有様に戻るわけがない。観察していると、路面不整に遭って、動かないアシのせいで上屋が持ち上げられて、しかるのちに落とされるそのときにワンダリングは頻繁に顔を出す。これはもうアシ起因に違いない。既述のユルいブッシュが、動かないアシとランフラットの板挟みに遭って、結果としてワンダリングが出てしまっている様子だ。

いやもう溜息しか出ない。杜撰のひとことだ。３シリーズではE46系のときに登場したMスポーツは依然として買ってはいけないBMWの代表だ。

言い添えると、Mスポーツの装備内訳はスポーツサスと称する件の10㎜ダウンと電制ダンパーだけではなく、ステアリング方面でも太いリムと非線形のギア比が盛り込まれる。そのリムの太さは日本人の手に余るし、舵角が大きいほどギア比が速くなる非線形など余計なお世話である。だが操舵系に関しては、それらよりEPSの不出来のほうが神経に障った。

まず中立では、はっきりとゴムっぽい反力があって心地よくない。転舵していったときにグニャッとしたその湿った弾性のぶん明らかに前輪の切れが遅れている。しかも、その遅れが出ているあいだに前輪が先走ってコーナリングパワーを出してしまっている。グニャの途中で横力が立ち上がってしまうのだ。それでも何とか直進は出せるのだが、Rの大きなコーナーがきわめて走りにくい。舵角がそのグニャの範囲を出たり入ったりするからだ。

これには件のブッシュ弾性の過大も一役買っているのだろう。先代F30系では、乗り心地に瑕が生まれるほどブッシュがタイトに引き締まった極初期型を経て、年次改良ですぐにそれが弛められたのだが、今度は、峠などの高負荷走行時に大転舵すると前輪の舵角がしっかり決まらずフロントが泳いでしまうような旋回挙動となって表出していた。そして現行G20系ではブッシュはさらにユルくなり、負荷の軽いときの転舵でも始末に困るような瑕となって顕れている。

そんな不出来なステアリングを右に左に切りながら屈曲路を進んでいく。ここでの一番の主題はMスポーツ仕様の瑕疵のうち真っ先に思い浮かぶもの。すなわち振動的に偏向しすぎる操縦性キャラクターだ。

Mスポーツは後輪に不必要なほど野太いタイヤを履かされる。前後同サイズを前提に開発されたシャシーなのだから、こうすると当然ながら前後バランスがリア優勢に偏り、その結果として挙動は振動的になる。転舵時に前輪が十分な横力を出してくる前に後輪が粘ってしまう。そのためにヨー運動が十分に生まれる前に、前後とも横方向加速度がついてしまう。

ヨーが必要ない車線変更などの斜めの移動には有利だが、廻り込むような旋回では常に前輪の能力が足りないような感触に終始し、酷い場合はあっけなくドリフトアウトに移行してしまう。俗っぽく言い換えれば、直線番長のオラオラ運転にのみ向いた上品ならざる振る舞いになるのである。

ずっとＭスポーツはそういうシャシー特性で、それゆえ嫌悪してきたのだが、この３３０ｉの場合は少し様子が違っていた。要因は後軸のディファレンシャル。Ｍスポーツでも３３０ｉにのみ電制ＬＳＤを仕込んだデフがオプションで用意される。試乗車にも仕込まれていたこいつが状況に応じて左右の拘束力を強めたり弱めたりしているようで、明らかなヨー不足やドリフトアウトのような不始末には至らずに済む。ここだけは評価できる。とはいえ、どうせなら全てのグレードのＭスポーツにも電制デフを仕込むべきだ。馬力が３３０ｉより少ないとはいえ、それでも振動的な挙動による不快は生まれるのだから。

箱根のいつものコースを、３３０ｉただしＭスポーツは、とりあえず破綻のない走りでこなした。だが味わいは……。

翌日の夜、同じような時間に同じ伊勢佐木町の裏手に向かった。今日は別のG20系3シリーズ。320dだ。

昨日の330iには、Mスポーツという大きなお世話の要らぬおまけが付いていたが、今日の320d試乗車にも漏れなく付いていて、さらに余計なおまけまで付いていた。商品名xDriveすなわちフルタイム4WDである。

とりあえず横浜中心部の下道からエンジンの様子を見ていく。こいつもまたエンジン駆動系のマウントがだらしなくユルい。さっさと高速に上がることにする。

まずはディーゼルの弱点のひとつ、高回転での振る舞いを診ることにする。

レブリミットは、同じブロックを同じボア径で使う昨日の2.0ℓガソリンB48B20型が6500rpmだったのに対して、こちらは5000rpmと3割ほど低い。そのときのピストン平均スピードは、あちらが秒速19・5mなのに対して、こちらは秒速15m。同じ一流メーカーの同じブロックで同時並行で開発したものがこうなのだから、２０１０年代後半のガソリンとディーゼルの違いのよい実例である。
　前が空いたのでブン廻してみた。リミットの５０００ｒｐｍまで恙なく吹ける。上へ行くに従って重苦しくなるような様子はない。その際に振動感が増えることもない。ユルユルのマウントが効いているのだろう。もしかすると、このディーゼルの振動対策として、マウントが思い切りユルめられて、それがそのままガソリンにも適用されてしまったのかもしれない。ただし音のほうは聞こえる。負荷が高まるとともにワラワラ音が明確に耳に届く。その騒音は中音域が主だから不快を催すほどではない。低域は件のマウントで、中高域から上は遮音材の大量投入で吸い取っている感じだ。

　では、もうひとつのディーゼルの弱みを観察してみよう。低回転限界だ。元々ディーゼルという圧縮着火エンジンの燃焼は単筒容積が大きいほうが向いていて、だから船舶や大型車輌などの大排気量エンジンを中心に歩んできた。そして乗用車用の小さなエンジンでは辛く厄介なところが山積みになってくる。上が廻らないという右記の瑕は、レブバンドの真ん中くらいの回転域でならガソリンよりトルクが太くなるという優位を利用して減速比を高く取って辻褄を合わせることができる。だが問題は低回転だ。ただでさえ燃焼が苦しいのに、乗用車用ディーゼルはボア径もストローク長も小さいから余計に辛い。加えて現在では抜け穴だらけの排ガス規制というヨーロッパ人の寝技も封じられてしまったから、さらに状況は厳しいのだ。

　車速を落としてみる。どうやらZF製8HP51型に組み込まれた制御ソフトは2000rpm以下でこのエンジンを使いたくないようである。そこを割り込むと途端にシフトダウンして回転数を上げようとするのだ。そこで手動変速にして意図的に2000rpm以下に落として走ってみる。すると目に見えてアクセルの動きに対する反応が鈍った。アクセルを踏み増ししてからエンジンが反応するまで一拍どころか二拍くらい間が空く。しかるのちに、やおらターボが眠りから覚めて過給圧が立ち上がるという按配だ。これでは確かに2000rpm以下は使えない。使用に耐えるレブバンドは2000rpmから5000rpmのあいだというわけだ。あれこれ加速シークエンスを試してみたら、そのうち美味しいのは3000～4000rpmに限られる。何とも窮屈な内燃機である。

これに対してZF製8HP51型の各段ギア比は、昨日の330iも今日の320dも同じ。なんとファイナルも同一。さらにはタイヤ外径も同一である。それもそのはずで、330iの最大トルクと320dの最大トルクは40・8kgmで揃えられている(それを達成する回転数は330iが1550〜4400rpmなのに対して320dは1750〜2500rpmとずっと狭いのだが)。

ということは、減速比だけの勘定だと、320dはレブリミットが1500rpm落ちるぶん各ギア段での速度上限が減っているわけだ。計算してみると、5速で廻し切ったとき330iは210km/h強に達するが、320dは160km/h強。6速だと330iは280km/hほど(実際は240km/hで速度リミッターが介入する)なのに対して、320dは210km/h強である。

このあたりの設定が示唆するのは、基本的にG20系3シリーズの4気筒ディーゼル搭載車は200km/hくらいまでで楽しめるように作りましたというBMWのメッセージである。

欧州向けの技術広報資料を当たると、最高速は330iが250km/hで320dが240

km／hとなっているのだが、額面上はともかくとして、２００km／hオーバーの領域で活発に走りたければ３３０ｉのほうを買えということなのだろう。ちなみに実際に走らせた感触でも、その理屈どおりにG20系の両車は振る舞った。

また、８ＨＰの制御ソフトは、ＺＦが大枠を設定し、供給した先のメーカーがそれぞれ内容の詳細を決めているようだが、ＢＭＷのそれは変速動作の実に爽やかな俊敏で知られている。だが、同じ8ＨＰ51型でも、３２０ｄのそれはダウンシフトの変速動作が明らかに３３０ｉよりも遅かった。運動系が重くなるディーゼルは、ガソリンほど吹け上がり吹け下がりが速くなりようがないから、この差は当然ではある。ディーゼルを選ぶと、８ＨＰの美点のひとつは手にできなくなるのだ。

言い添えておくと、同じ減速比で、１８４psと30・６kgｍに数字が落ちるＢ48Ｂ20型の低出力版を積む３２０ｉというグレードは、格落ち廉価版という位置づけになること明白なわけだ。

峠セクションに分け入る。

機動キャラクターは概ね弱めのリア優勢だった。早めに横方向の踏ん張りを立ち上げてヨーの起動を抑え込もうとする後輪に対して、前輪が舵角を入れていくに連れて横方向の踏ん張りが強くなって、何とか曲がっていく感触だ。３３０ｉとは色合いが異なる。もちろん、その機動キャラクターの差は駆動系だ。

実を言うと、初めから４ＷＤ版にはさほど期待はしていなかった。

ＢＭＷがｘＤｒｉｖｅと商品名をつけたフルタイム４ＷＤ機構は、初めのうちは遊星ギア式のセンターデフを電制で差動制限する古典的かつ理を積み上げたシステムだったが、２００９年に登場したＥ84系の初代Ｘ１を皮切りにして、前後を電制多板クラッチ一発で結ぶ今様の構成に転換した。ご存じのようにＲ32系からこちらＧＴ－Ｒも同じシステムを使っていて、ポルシェ９１１のカレラ４も９９７系の後期型からこちらを用いるようになった。４輪のトラクションを稼ぎながらも、きちんと曲がる４ＷＤをそれで実現できることは証明されている。だが、近年のｘＤｒｉｖｅモデルは、ついに４ＷＤ化したと鳴り物入りでお目見えしてきたＦ90系の現行Ｍ５を含めて、目覚ましい旋回機動を見せるというよりも、不足するトラクション性能を確保するところに留まっている印象だ。つまり、ＢＭＷは依然として先行する各社ほど４ＷＤの躾が巧みとは言えない状態なのだ。

付随する要素もある。既述のように同じＭスポーツでも、３３０ｉのほうは後軸のディファレンシャルに電制ＬＳＤ機構を盛り込んでいる。ところが３２０ｄのほうにその備えはないのだ。これは出発前にリア床下を覗き込んで、前夜の３３０ｉのほうにはあったデフから伸びる配線が、こちらのほうにはなかったことで確認してある。これは手抜かりだと思う。前輪が劣勢になるフロントエンジンの４ＷＤをドリフトアウト祭りにさせないためにはリアに電制ＬＳＤが必須で、なんとなれば外輪のほうを内輪よりも余計に回転させる仕掛けまでが望ましいことをアウディのＲＳ各車やランサー・エボリューションが証明しているのだ。

もう少し詳細に観察結果を記してみよう。

定常旋回シークエンスでは、３３０ｉは電制デフが上手く効いてリア優勢気味のキャラクターは抑え込まれていた。かたや３２０ｄ ｘＤｒｉｖｅでは、定常旋回を維持するためだけのアクセルオンでも、前輪側にはっきりとトルクが振り分けられる感触があって、その駆動力のために前輪のスリップアングルが増してしまってフロントが逃げ気味になる。コーナリング後半から立ち上がりにかけてさらにパワーを加えると、ドリフトアウト傾向は明白なものになる。パワーオンで後輪のスリップアングルは確かに増えているのだが、それよりもずっと前輪が外にはらもうとしてしまうのだ。ブレーキとアクセルの踏み離しタイミングで4輪の荷重を細かく移動させるといった手練手管を使うと、限界の手前までなら320d xDriveは自転を何とかニュートラルに維持させることはできる。だが、そのとき公転はアンダー。つまり結果として旋回軌跡は外に膨らんで、曲がらねぇと愚痴を呟くことになる。

加えて言えば、B47D20型ディーゼルは、エンジンブレーキが弱く、こうしたタイトな屈曲路では、つい下のギアに落としたくなる。ところが先述のように、このユニットのレブリミットは低いから、落としたくても落とせない状況が多い。そのために、右に左に身をひるがえしていくときの運転のリズムがかなり作りにくい。駆け抜けても喜びは得られない。

今日のクルマが昨日のクルマに優るところがあるとすれば、それはBMWではなくミシュランのおかげだ。あちらがなぜか作り続けられる凡作テュランザのT005ランフラットなのに対して、こちらはミシュランのパイロットスポーツ4ZPのランフラット。対地キャンバーが崩れそうになると途端に顎を出してバタつくテュランザに比べて、ＰＳ４ＺＰは目立った瑕もなく、既述のワンダリングも軽微だった。

大型トラックがダラダラと流れる東名を戻りながら考え込んでしまった。

おれたちはＢＭＷという自動車メーカーに格別の信頼を寄せている。それは過去の実績が絶大だからである。

そんなＢＭＷの粋を最も濃く味わいたいならば5シリーズを選ぶべきだと言ってきた。その時点で有するエンジニアリングの実力を如何なく投入したのが5シリーズであり、３シリーズは値づけ相応に手札を間引きしながらも、代わりに小さく軽いことでそれを相殺して優速に走って、世界中の支持を得てきた。だから3シリーズでも立派にＢＭＷの粋を堪能できるし、価格の面でもＢＭＷ世界へ導く門戸として機能して、だから世界中から評価を得てきた。

おれの場合だと、新車でそれを味わったのはＥ21系からで、中古での追認まで含むなら02シリーズからだ。ひとつ世代が上の人なら新車の02に感銘を受けることができたはずだ。また、

90年代の訪れとともにパッケージを大変更して登場したE36系以降に3シリーズと出会った年下の人たちだって大同小異なのだと思う。

もちろん、最新の911が常に最良の911だなんて台詞が嘘八百であるのと同様に、3シリーズだって中には凡庸な出来のものがあった。E90系は底の浅いリア優勢に宗旨替えして乗り心地は迷走したし、E46系はセダンのほうの日本仕様が北米仕様に準じた仕込みをされて生ぬるい走りに堕していた。先代F30系もアシまわりの躾が甘かった。けれど、全体像として眺めれば3シリーズは依然として日本車を含む競合を寄せつけず、プレミアムDセグメントの頂点と衆目は一致していた。

さらに言えば現行G20系に至って、BMW日本法人の値付けは情勢に従って一気に跳ね上がって、320iでも500万円を軽々と突破した。レクサスあたりと違って、それに呪詛の声が沸き上がらないのは、やはり3シリーズというBMWに対する世の中の評価があるからだろう。

二晩にわたって乗ったG20系3シリーズは、大掴みに捉えてしまえば、まずまず真っ当に走る後輪駆動セダンである。ここまでに書いてきたような綻びはあるけれど、例えばスカイライン400Rのように可変ギア比ステアリングという重大な瑕瑾を持っているわけではない。Mスポーツという地雷を踏まない選択はできるのだし。G20系3シリーズは、相対的には依然としてプレミアムDセグメント商圏の中央に屹立するのだろう。

それどころか、あの車体は凄い。目を剥くほどカタい。競合を寄せつけない。Lセグメントの7シリーズにまで使用されるだけにCLARプラットフォームの実力はレベルが高く、最も簡素な仕込みがされただろう3シリーズにおいても圧倒的というより他ない。

ところが、そんなプラットフォームを用いながら、そのあとの仕事があまりに粗雑で大甘に過ぎた。ドイツ勢は来る世代のモーター駆動のほうに優秀な人的リソースと資金を割いてしまって、現状の売り物は二軍の戦力で軽く流して作っている感がありありである。また、WLTPという新しい枠組みの排ガス・燃費基準をクリアすることに手を取られて、新型車の初期モデルは仕上がりが目に見えて生煮えで納得しがたいという例が少なくない。3シリーズと真っ向から競合するアウディの現行B9系A4がその典型だった。けれど、それは向こうの事情であって、汗水たらして稼いだお金で買おうとするおれたちには関係ない話だ。

世界中の誰もが知るこの南ドイツの看板メニューは、素材は凄いが、途中で砂糖を山ほどぶち込んでしまって、甘ったるさばかりが舌に残る何とも不味い料理になった。ＢＭＷは最高の素材を使って最低の調理をしてしまったのだ。素材の凄さが分かるから、できあがりの拙さに愕然とするのである。

（ＦＭＯ２０２０年6月30日号）

心の瞼

吉川英治の『三国志』あたりを読んでいると、王侯に召喚されたときなどに「沐して口を漱いで拝謁した」などという定石の句節が出てくる。これは、物理的に汚れ臭いを洗い流すためだけの行為ではないだろう。身を清めることで精神的にもクリアにして、偉い人の前に出ていく心構えをしたということだと思う。

多分それと同じような意味で、おれはクルマに乗るときは例外なく入浴する。これは仕事の試乗のときだけではない。私用で乗るときも同様だ。かつて和菓子屋だったころ、仕事を終えて遊びに出動するときは、大汗をかいて油煙まみれになった身体では自分で嫌になるので、必ず風呂に入って着替えた。クルマに乗る前に湯をつかう習慣は、そのころから身についで行動様式の中に深く強く沁み込んでいるのだ。

つまり自動車と接する際の、身体のみならず気持ちの段取りである。まっさらにして臨めば澱が混じったような心模様のままよりも何倍も集中できる。機械との心の通いかたが密になる。

そんな気持ちの段取りを助けてくれるメカニズムがあった。リトラクタブルライトである。

リトラクタブルライト——。

人それぞれに想いを自分史に刻んでいると思う。幼少のころスーパーカーブームに出遭った人はフェラーリやランボルギーニのそれを思い出すだろう。日本でもついにという興奮とともに初代ＲＸ－７を買って走らせた人もいるかもしれない。両世代のＭＲ２、初代ＮＳＸ、そしてユーノス・ロードスター。それぞれに色々な心象風景があるだろう。

自動車のヘッドライトは洋の東西を問わず目に例えられる。

目だから左右ふたつ。機能的には中央にひとつでも充足するはずだが、遥か昔にルンプラー・トロップフェンヴァーゲンやタッカー48トーピードなどで採用されたそのレイアウトは定着しなかった。動物のそれと同じように目はふたつが自然なのだと世界中が結論したのだ。そして目であれば瞼が要るだろう。そんな発想だったのだろう、ヘッドライトに脱着式の覆いを着ける例はかなり早くから見られた。舗装も十全でない道路ゆえ飛んでくる飛び石から灯りを守ったのだ。

だが、覆いをいちいち着けたり外したりする手間は面倒だし美しくない。おそらくそんな理由で、普段は格納されていて、それが機械仕掛けで本来の位置に移動するメカニズムが古典期の自動車に登場した。資料を紐解けば、その早期の例のひとつが、１９３６年に登場したコード８１０であることが分かる。

ロクな等速ジョイントも存在しないのに、えいやっとＦＷＤ（ただしエンジン縦置き）を採用していたこのアメリカの高級車は、30年代に一世を風靡した流線型の車体デザインを採用していた。その造形の流麗を創りあげたゴードン・ビューリグは、涙滴型断面に整えたノーズの両脇に、風流ならざるヘッドライトが飛び出してこれを台無しにすることを嫌った。そして、クラムシェルフェンダーの前部に、機械仕掛けでヘッドライトが起き上がるメカを創案した。フェンダーとツライチになった小さなパネルが、あたかも瞼が開くように90度ほど起き上がると、そのパネルの内側にヘッドライトが仕込んであるという構造。その作動方法について記してある資料は少ないが、ダッシュボードから突き出た小ぶりのクランクハンドルを廻して開閉させる手動式である。ちなみに、その時分におけるメカの呼称はRetractable（格納可）ではなく、HiddenもしくはHideaway（隠れた）だった。

その後、第二次大戦による自動車エンジニアリングの停滞期を挟んで、ヘッドライトは存在感を消す方向でデザインが進んでいく。薄く削いだノーズの左右に垂直に押し込まれたそれを、フェンダーとツライチに成形したプレクシガラス製のカバーで覆う流行を50年代半ばにピニンファリーナがアルファロメオ６Ｃ３５００スーパーフローⅠなど複数のデザイン習作で試みたのが好例。この処理は、僅かでも抵抗係数を減じたい長距離レースの競技用車輌で50年代のうちに常識化する。それによってヘッドライトの透明カバーは物理性能を超えてビジュアル要素としてトレンド化。アルピーヌＡ１０８などが追従し、またスーパーフローを起点とする造形案で構築されたデュエット／スパイダーで透明ライトカバーがオプションに設定されるなど、50〜60年代初期にかけて市販車の世界で通例化していく。

この処理を一歩進めたのがロータス・エランだった。エランはオースチン・ヒーレイ・スプライト／ＭＧミジェットの商圏に投入するべく企画されたライトウエイトスポーツカーだが、ノーズの一部が起き上がると、そのパネル片の裏に仕込まれたヘッドライトが顔を出すというリトラクタブルヘッドライトを採用して、50年代的デザインのそれらとは一線を画すアピアランスとなっていた。バックボーン式のY字型フレームを主体とする車体構造をエランから形振り構わず頂戴したトヨタ２０００ＧＴが、リトラクタブルライトもまた取り込んだのは当然であった。

しかし、それが大々的に流行するのは、鼻先にエンジンを置くことで不可避にノーズが厚くなるＦＲの時代でなく、どんな薄さでも自由自在に造形できるミドシップ時代に突入してからである。

その極初期の例は、ミドシップ市販車というコンセプトを大西洋の向こう側で推進していったアメリカであった。フォードがミドシップ試作マスタングⅠ（１９６２年）にまず採用。対するＧＭは同じ年、コルベアの水平対向６気筒パワートレインを前後にひっくり返して仕立てたコルベア・モンツァＧＴ（ＸＰ－７７７）試作において、ノーズ尖端部分のパネルが上下に開くと埋め込んだ一対のヘッドライトが現れるという中庸的デザインを採用して対抗するが、ＲＲのままクーペ化した64年作のＸＰ－８１９で、ついにリトラクタブルに移行する。

こうしたアメリカにおける高性能車のミドシップ化トライアルが、少なからず欧州に影響を与えたことは拙著『スーパーカー誕生』で明記したが、リトラクタブルライトも一緒に同伴して大西洋を横断することになった。「メカの凄ぇ」と「性能の凄ぇ」と「カッコの凄ぇ」を商品性の核心として誕生したスーパーカーの、その「カッコの凄ぇ」に欠かせない要素としてリトラクタブルライトというソリューションが重用されるのだ。史実を追えば、まずノーズ左右で平らに近く埋め込まれた楕円形のヘッドランプが作動時に少し起き上がるように設えられたミウラでまず口火が切られ、70年代に入ってのカウンタックLP500やフェラーリ365GT／4BBなど第2世代で本格的リトラクタブルがデザイン上の必須要素として完全に確定したのであった——。

という風に振り返ると、まず真っ先に空力的要求があり、そこにジェット戦闘機をモチーフとした高性能ミドシップ市販車のデザイントレンドが相乗して、リトラクタブルライトが時代のアイコンとなったような図柄が見えてくる。しかし、アメリカ合衆国における市販車の安全規制が、陰でそれを後押ししていたのだ。

1960年代中盤にコルベアのリスキーな操縦性への糾弾から始まった自動車の安全性論議は、1966年にNational Traffic and Motor Vehicle Safety Act of 1966（国家交通並びに車輌安全法）がアメリカ上下院で承認され施行される結果を呼び起こした。その安全法案の推進部署として現在のＮＨＴＳＡ（National Highway Traffic Safety Administration＝道路交通安全局）が設立される。そして法案に基づいてＦＭＶＳＳ（Federal Motor Vehicle Safety Standard＝連邦自動車安全基準）が制定されて、ヘッドレストや衝撃吸収ステアリングコラムの義務化とともに前照灯の最低地上高が定められることになった。

この最低地上高を、ミドシップ化した欧州製スポーツカーの低い鼻先では満たせなかったのだ。そうしたクルマたちにとって北米は大きな市場だから、ＦＭＶＳＳを無視したデザインは商品として成立しかねる。しかし、ライトそのものを格納式にしてしまい、点灯時は起き上がってノーズ面から突き出す形となるリトラクタブルライトなら、その数値はクリア可能だ。一方で使わないときはボディ内に収めるならば、薄いノーズの造形を尖鋭化できる。法規制クリアとビジュアルインパクトを両立できるからリトラクタブルライトはトレンドとして確定したのだ。

そして時が過ぎ、今度は法規制がリトラクタブルライトに退場を言い渡すことになった。最低地上高の規制は緩くなったが、その一方で緯度が高くて冬は昼でも暗い北国では一日中ライトを点けておくように義務づけられるようになった。これだと格納状態は停車時のみということになるからリトラクタブルにする意味はない。加えて場所を取らない小さなＨＩＤライトが生まれて格納せずともデザインは自由になった。こうしてリトラクタブルライトは姿を消した——。

リトラクタブルライトが全盛を極めた70〜80年代は、法律が生んで法律が葬り去った自動車デザインの忘れられない季節である。60系セリカＸＸや2代目プレリュードやフェラーリ328ＧＴＢや初代ＮＡ系ロードスターを乗ったおれは、その季節を忘れることはできない。

もちろん、所有していたから単なる懐古ネタとして論う人たちとは違って、ノスタルジーを越えてその利害得失を弁えてはいる。

何よりまず空気抵抗の落差だ。
格納時、すべやかなノーズ上面に大人しく収まっていたハウジングは、ライトオンで威勢よく目の前にそそり立つ。運転席からガラス越しに見るそれは、ふたつの四角い衝立のようだ。自動車メーカーが公表するのは、格納時のCd値であり、持ち上げたときのそれについては沈黙となる。だからCd値の増加としては把握できていなかったけれど、それがもたらす最高速の下落は数字で把握できた。70年代から80年代のそれは超高速域で確実に10㎞／h以上の低下となった。

Cd値の下落とは裏腹に、歓迎したくなることもあった。超高速域ではフロントガラスに当たる風の音も耳を聾するほど猛烈に大きくなる。だが、ライトを上げたときは前からの風は左右のハウジングのところで大きく乱れる。気流の乱れは風切音を生む。その風切音は、格納時のように目の前のフロントガラスのところで吼えるのではなく、遠い鼻先で発生する。その距離の差は耳に入る音量の違いになる。リトラクタブルライトを上げると、空気抵抗は増すが、聞こえる風切り音の量は下がるのだ。

そういえば、あるとき328GTSのハウジングを上下させる構造が壊れて自分で直したとき、それまで気にもしていなかった点に気がついた。バラしてみたライトハウジングと可動メカニズムの全体は、驚くほど重かったのだ。

その重さが左右ふたつ。しかもノーズの一番先にいる。物理の理論を正確に知らなくても、鼻先で錘を振り回すことが機動性に宜しくないことは誰でも分かる。きっと、リトラクタブルライトはそのせいで旋回性能を確実に翳らせているのだろうなあと。

そのことをはっきりと告知してくれたのが、リトラクタブルをやめて埋め込み式ライトに変わった2代目NB系ロードスターの新車技術解説書だった。そこには「新たにヘッドランプなど重量のあるコンポーネントの機構や配線を見直しました」とあった。見直してライトのぶんがどのくらい軽くなったかは書いていなかったが次のページに、ヨー慣性モーメントは運動性能にとって大切ですとあり、続いてこんな文章が書かれていた。

「車体重心から離れたバンパー付近にある1kgのものは、車体重心近くであれば100kgにも相当するのです」

魂消た。それほどとは……。あのときバラしてみたライトハウジングと格納メカは1kgどころじゃ済まなかった。1.5kgとしてそれがふたつで3kg。ということは助手席に大人を5人ほど積んでコーナリングするのと同じなのか。想像はしていたが、数字にされると唸るしかなかった。

造形としての嗜好でも懐古でもなく、あくまで機械としてのファンクションとしての美点と欠点がリトラクタブルライトにはあった。だが、そういう事どもとは別の位相で、おれはその仕掛けが大好きだった。


日の暮れた夜にリトラクタブルライトのマシンに乗って出掛けるとき——。

ドアを開ける。

運転席に乗り込む。

エンジンをかける。

いつものように震えて唸るアイドルの様子を確かめる。スモールを点けてタコの針が震えるのを見る。

オーディオを鳴らしてみる。気分が違ったら消す。音楽が要るなと思ったら、これから行く道に何が相応しいか考える。

そうするうちにファストアイドルが終わってエンジンが温もっていくのが分かる。

クラッチペダルを踏む。

シフトレバーを1速の位置に圧し込む。

そして左足を上げる直前に、ライトスイッチを最後まで捻る。

リトラクタブルのハウジングが目の前で起き上がる。

起き上がる途中で火が入ったライトが放つ光の角度を下から上に変えながら正しい位置に収まる――。


その光の帯の動きが、出発の合図だった。

かつて武士たちが日本刀と弓で闘っていたころ、戦いは儀礼とともに行われた。

「ややあ我こそは……」「いざ！」。互いに名乗りあってから戦闘が始まった。

そんな優美な習慣は、鉄砲がもたらされてから消えてなくなった。先手を取ったほうが勝ち。不意打ちだろうと狙撃だろうと殺さねば殺される。名乗りも仁義も礼儀もなく、そういう乾いた殺し合いになった。今や無人のドローンが夜闇に紛れてピンポイント爆撃をする——。

リトラクタブルライトを上げて走っていたころは、それが起き上がって一閃する光が、これから始まる走りの、自分への合図だった。さあ走りに行くぞと自分に対して出陣の儀式を行ったのだ。

HIDやLEDのヘッドライトがボディに埋め込まれて、そんな合図の場面が消失した。ライトオンはただ前を照らす機能を呼び起こす作業となり、走りに行くときの段取りは簡略化されて味気なくなった。雰囲気明度センサーによって自動点灯する仕掛けが普及して、ライトオンの操作すら要らなくなった。況んやハイブリッド車においてをや。スタートスイッチを押しても、どこかで電気系が低く唸るだけで、シフトをDに入れても音も蠢きも起こらないそれに、おれは今でも困惑してしまう。

ノスタルジーではない。様式美という話でもない。おれにとってクルマに乗るときの心の段取りは忽せにできない大事なものであり、その一要素としてリトラクタブルライトは素敵なメカニズムだった。開いて閉じるそれはクルマに接する心の瞼だったのだ。

（FMO　2018年10月18日号）

唖然そののち沈考

インターホンが鳴る。クルマを持ってきましたの声。

試乗道具一式が入った鞄を肩に掛けて玄関に行く。そして、空けた両手でドアを開く前にアイマスクを着ける。そう。今日はブラインド試乗の日なのだ。

おれの思いつきに編集部が乗ってくれて始まったこの企画、初めの2回とも続けて外したあと、3回目のボルボXC90は正解した。ほくそ笑んでいたら早速バチが当たって4回目に外した。当てられて悔しがった担当編集者——企画の趣旨を外れてはいるのだが担当者はどうしてもおれを困惑させる方向に思考が偏るらしい——は、今度こそ当てられてなるものかとばかりに、国内販売の主力車種とは言いかねるスズキ・バレーノという車種を持ってきた。見事にその狙いに嵌まって、何とかメーカー名は当てたのだが車種は外して、おれの気分は一転しては萎れることになった。

だから、この5回目は名誉挽回を期さねばならぬ。バレーノのとき担当編集者は「メーカー名は正解だったから引き分けにカウントしてあげましょう」とか温情をかけてくれたのだが、それにしても通算成績は1勝2敗1引き分け。今回正解してもまだ勝率5割には届かない。バクチなんかで言う勝負の流れで行くと、ここで勝てれば上々の目が出てくるけれど、負ければ連敗街道をまっしぐらの分岐点になるはずだ――。

いつものように手を引かれて道路に出ていく。

ここと指示された場所に立っていると、ドアが開く音と空気がそよぐ気配がした。担当者が右手をクルマの屋根に添えさせてくれる。

お。低い。

半歩ほど後ずさって右腕を真っ直ぐ伸ばしてみると、ちょうど肩のあたりだ。とすると全高は1.4mを切るくらいということになる。現代の実用車はセダンやハッチバックなら1.5m前後。それよりも背が低い。スポーティカーの類なのか。

もうひとつ気づいたのは屋根の素材の感触だ。金属特有の冷たさがない。爪で軽く弾いてみる。軽く、反応はよく、しかし減衰の速い振動感。ルーフに樹脂系の素材を使っているようだ。グラスルーフと言いつつ、軽量化のために半透明のエンジニアリングプラスチックを用いたクルマがけっこうある。今回はそういう加飾を施して装うような商品性のものらしい。かたやルーフサイドレール部は金属製。それとの境目を撫でながら、ふーんとかほーとか呟いていたら、早く乗ってくれという声が脇から聞こえた。後ろからクルマがやってきたのかと思ったが、そういう気配は別にない。どうも、ボディを念入りに触ってほしくないようだ。素材なのか内容なのか、そこにヒントがあるのかもしれない。

そんなに急かすなよと抗いつつ乗り込む態勢を取る。頭をぶつけないように、サイドレールに当てた右手を前のほうに伸ばしてAピラーの位置を確かめる。かなり手前からサイドレールは前に向かって垂れ下がっていき、明らかに強く寝たAピラーを形成している。ここもまたスポーティクーペの文法そのままだ。

脛でサイドシルを探ってから、室内フロアに右足を置く。身体を捻って尻から助手席に入る。想像していたよりも座面の位置が低くて、どさっと身体がシートに落ちた。

腰を落ち着けて、両脚を伸ばして体勢を決める。フロアに対して座面が低い。これはもう間違いなくスポーティカーの類である。

ドアを締めますよの声がした。応じるとドアが閉まった。べちゃんという安っぽい音ではないけれど、重厚にチューニングされた高級車のそれでもない。それと同時に何かがゴソッと動く音が微かに混じった。

気になったので、内張りを探ってドアハンドルを見つけて、自分で開け閉めしてみる。分かった。ドアが閉まる瞬間にサイドガラスが動くのだ。パワーウインドウのスイッチを探り当ててサイドガラスを完全に下ろしてからドアを開ける。案の定、ドアサッシはない。サイドガラス上縁を咥え込むサッシがないから、ドアが開いたとき僅かにガラスを下げておき、閉まった直後にこれを持ち上げてウエザーストリップに押しつけるのだ。

この仕掛けの初採用は確かＢＭＷのＥ31系８シリーズだったように記憶する。だが、導入されたばかりの８５０ｉに触れる機会など若造だったおれにやってくるはずもなく、実物にお目にかかったのはＥ36系３シリーズに追加されたクーペのときだった。こりゃ絶対すぐに壊れるぞと言ったら、そのとおりになった。ドアを閉めたときにサイドガラスが無限に上下を繰り返そうとする哀れな図は中古ＢＭＷワールドの風物詩となった――。

そんな四半世紀前の記憶を振り払って、フットウエルの検分から始める。

両脚で探ると、それがかなり左右に狭いことが分かった。しかも、左右に出っ張りはなくて真四角な形をしている。つまり、前輪ホイールハウスの出っ張りもなければ、トランスミッション部分のセンタートンネルの膨らみもないということだ。

センタートンネルが膨らんでいない理由はふたつ想像できる。ひとつは、横置きジアコーサ式パワートレインのFWD車で、そもそもフロント隔壁の後ろに駆動系が突き出していない場合。いまひとつは、縦置きRWD車でありながらトランスミッションを軽く飲み込むほどセンタートンネルが太い場合だ。

すかさず右手でセンターコンソールを探ってみると、それがかなり太いことが判明した。これなら膨らまさずにトランスミッションを飲み込めるだろう。FR車なのか？

一方でフットウエルの左側にホイールハウスの出っ張りがないことは、FRかFFかを特定する手掛かりにはならない。このクルマは屋根が低くてAピラーが強く寝ているから、着座位置も後ろ寄りになって当然だ。そんなAピラーに合わせて乗員を後ろ寄りに座らせるならば、それに応じてトーボードも後退させることになり、前輪ホイールアーチよりもこれを後ろに建てる設計となるだろう。

そもそもＦＲ車ならば元より前輪は前に遠く離れて位置する。最近では横置きＦＦでもスタイリングと前面衝突の観点から前輪をできるだけ前に押し出すようになった。このクルマのようにキャビンが後ろへ押し潰されるように造形してある場合、ＦＲだろうとＦＦだろうとフットウエルにホイールアーチの張り出しがなくても、いっこうに不思議はないのだ。

と考えつつ爪先を伸ばしてみたら、室内フロア面が先のほうで起き上がってトーボードを形成している作りだと分かった。軽く踵で蹴ってみると先に空洞があるような感触。やはり本来のフロント隔壁よりもずっと後方にトーボードを建て増したのだ。

という具合に身体をモソモソ動かしているうちに、シート座面が異様に短いことが分かった。きっちり深く腰掛けていても、座面の前縁と膝の関節のあいだが拳ひとつほど空く。なんだこれは。子供用の椅子か？

屋根が低くてＡピラーが寝ているボディだと乗降がしにくいので、肢入れ性を向上させるために、シート座面を短くしているクルマが以前はけっこうあった。屋根が低かったX308系以前のジャガーXJが典型だった。XJのシートは座面が小さいだけでなくクッションの設えもおざなりで、安旅館の座椅子みたいだった。走りにおいては感心させられたXJの、普段は指摘されない大きな瑕瑾がそこだった。このシートもそれに近い。

こういう事態を避けるためにBMWはシートにひと技を加えた。座面前端が伸びるような仕掛けを組み込んだのだ。このシートにもそういう仕込みがしてあるのかと思って手探りで調べる。

座面にはその手の調整機構はない。高級ドイツ車のように電動メカが仕込んであるのかと思ってスイッチ類を探す。

それは座面左脇に設けられていた。最初に指先に触れたのは座面の前後をリフトさせるスイッチだった。だが、これをいじって座面を持ち上げると、簡単に頭頂が天井内張りに触れる。座面の後傾角を調整するくらいにしか使えなさそうである。次に見つかったのはランバーサポート。ドイツ車あたりでは、それは単に膨らんで腰椎部を支えるのみならず、上下もしてくれる2ウェイが常道だ。しかし、このクルマは単に膨らんだり萎んだりするだけ。廉く済ませたかった感が匂う。そして、座面の延長機構はなかった。

あれこれやっているうちに、このシートは作りそのものも気合が入っていないと分かってきた。身体を揺すってみると骨組みが軋る。筐体の剛性が足りないのだ。触れてみるとシート表皮は、中央部が起毛したアルカンタラ風で、サイド部が革だと分かった。そうして上辺を飾っていてもアイマスクをしたこちらには視覚効果は働かず、サイズから作りまで安普請のシートであることがあっさり分かってしまう。

まだ走り出してもいない段階での予断は推理を迷走させるから禁物だということはこれまでの経験で知っているけれど、この椅子だけで判断するならば、実用Cセグメントかそれ以下の内容といった風情である。

もういいですかと運転席のほうから声がした。応じると何やらカチャカチャ弄る音がしてエンジンがかかり、間を置かずにクルマは動き出した。一連の作業を手早く行うのは、ハイブリッドの類だった場合にそれを気取らせぬための担当者の工夫である。アイドルストップも必ずオフにしている。おれに恥をかかすべく細心の注意。ご苦労様である。

その動き出しの振る舞いで分かったトランスミッションは、間違いなく自動変速機だが、DCTの類ではない。もそっと動き出すそれはトルクコンバーターが挟まっている駆動系の典型だ。住宅街から国道に出る短いあいだに、CVTでなく遊星ギアを組み合わせたステップATだということも分かった。このあたりは過去の4回の経験で、素早く判断がつくようになっている。

そしてこのステップATは、振る舞いが洗練に欠くことも早々に気取れてしまった。

夜とはいえ、まだトラフィックが多い時間。2車線の国道は、それなりの速度で流れるけれど、前を塞がれることも多くて、スピードは乱高下せざるを得ない。今どきのステップATだから超多段なのだろうし、下道の流れに沿って走るくらいの加速だと飛ばしシフトをしているのだろうが、そのシフトアップの際にズルンと間抜けな介雑が挟まる。いったんスピードが落ちてから再加速するときは、しばしダウンシフトに迷ってからそれが行われる。シフトショックと言えるものがあるわけではないのだが、変速動作はヌルい。こうした変速の切れ味において、現代の多段ステップATのうち最高なのは、依然としてBMWが載せるという前提つきでZF製8HPなのだが、あれとは著しく乖離した鈍さで、アイシンAW製のステップATではお馴染みのそれは鈍臭い動作である。しかも信号で停まるとき燃費のために切り離していたATが再び繋がる際に粗いショックも出る。アイシンといえば、まず思い浮かぶのはトヨタ車だが、トヨタが制御をこんな風に雑なまま放置するだろうか——。

この駆動系の粗い動作のおかげで分かったのはマウントの緩さだ。ATが拙い振る舞いをするたびにエンジンがモサモサ揺れているのが気取れる。

実はこのブラインド試乗企画をする前は、その揺れかたで横置きFFなのか、縦置きFRなのかは、すぐに判別できるだろうと思っていた。だが、それは無理だと思い知らされた。電スロとの協調制御によってパワートレインの揺動を消す技術はこの十数年で長足の進歩を遂げた。このクルマのように自動変速機のマナーが粗ければマウントが緩いのは分かるのだが、加減速のたびにスナッチが起きる90年代以前のイタリア製横置きFFのそれみたいな事象は起きなくなった。自分で運転していればアクセルペダルの開閉に電スロ制御が追従しきれなくなってシャクる瞬間が明確に把握できるのだが、概ね横に座っているだけだと分からないくらいにはなっている。

クルマが勢いよく加速を始める。首都高速2号目黒線に入ったのだろう。これ以降は、ほぼ同じルートを辿ることが暗黙の了解と化しているので、コースのことは思念から追い出して、車種推理に徹することにする。

車速が上がる。エンジンが元気に仕事をし始める。

まずまず加速は元気よさそうだ。たが、レスポンスは何だかモッサリしている。運転者がアクセルを開けたのは、高まる負荷に対してやおらエンジンが仕事をし始める音がするから分かる。それに対して加速の立ち上がりかたがアキュレートとは言いかねるのだ。このモッサリした鈍さは過給エンジンを想い起こさせずにはおかない。

一瞬だけ過給ディーゼルという選択肢も頭に浮かんだ。けれど、こちらは振動の粒立ち感もずっと細かくて柔らかいし、回転上昇もクリーミーかつ軽そうだ。アイドル付近まで回転が落ちてから再加速する際の押し出し感はけっこう厚いけれど、ディーゼルの充実感はない。こいつも世界を席巻したダウンサイズ過給ガソリンエンジンなのか。それにしてはアイドル近辺の力感が強い。それなりに排気量の大きな過給ガソリンなのだろうか。

視覚以外の四感を研ぎに研いで、そのあたりを探ろうと狙う。だが件のATが邪魔をする。エンジン回転音の上下から細かく変速しているのは確かだけれど、それが妙なタイミングで割り込むので集中が途切れてしまう。

業を煮やして、もうちょっと踏んでくれと頼んでみた。

了解との答え。車体形状の探りとかハイブリッドかどうかなどについては必死に塗隠しようとするのに、走りの要素に関しては協力的だ。傍証でなく、走る機械としての本質のところで当ててみろということなのだろう。

幸いに前は空いているらしくスピードが一気に上がる。するとエンジンの馬力の出方が過給ガソリンにしては妙なことに気がつく。けっこう上の回転数までさらりと廻る。スポーティを掲げるイタリア車の過給ユニットは、ドイツ車のそれとは違ってレブリミットまで過給がタレずにフン詰まり感なく廻ってくれるが、そのぶん低回転から踏んだとき過給遅れは出てきがちだ。こちらは同じ状況で、リキの立ち上がりはモッサリ鈍いけれど、過給が遅れているという感じではない。

となると大排気量の自然吸気ガソリンなのか？

だとすると立ち上がりの鈍さが納得いかないが。


ここで思念を切り替えて、いったん気筒数の推測のほうに神経を振り向けてみる。

遮音が念入りなのに加えてマウントが柔らかいせいもあってか、エンジン振動はさほど伝わってこない。だがワラワラという音波は聞こえる。例の吸気音キャビン引き込みシステムを装備しているのだろう。おれにはそれがAVのアテレコ喘ぎ声と同じに思えてしまって童貞的エンジニアリングと嗤っているのだが、今回ばかりは助かる。その音波と押し殺された振動を足して考えることができるからだ。

そこから察するに、どうもV6ではないようだ。滑らかさに独特のシズル感が混じるそれの特徴がない。回転数と脈動から察するに直4か90度スローの90度V8ではないか。直4ターボにしては、馬力の出方が独活の大木風に鷹揚だからV8のセンが濃厚になってくる。

ドイツ勢のV6やV8が過給化してしまった今や、自然吸気のV8といえばアメリカ製だ。

そういえばクライスラー製のヘミV8は、6ℓ級なのに、こちらが期待するような怒涛の発進加速は演じてくれない。瞬間的な押し出し感は味わえるのだが、それに続く分厚いリキでタイヤを空転させるかの如き怒涛のダッシュはしてくれない。ご時節柄、燃費に鑑みて大排気量エンジン車の減速比は高めに切ってあるのだけれど、それを勘定に入れても意外に馬鹿力風ではないのだ。

だが、このクルマのエンジンはそれとも様子が違う。ツキも鈍い。アメリカ製V8は中回転域で負荷を掛けると、それなりに高まる燃焼負荷によって豪快な身震いを演じようとする様子があるのだけれど、こちらは同じ状況で、惣領の甚六風にヌーボーと馬力を送り出す感じである。

おまけに廻したときにスピードが思ったほど乗ってこない感じもある。いったん速度が落ちてからの強い加速シークエンスだと、音から察するにエンジンは6000rpmくらいは廻ってから次のギアにバトンタッチしているようだが、それに伴って生まれるはずのクルマが押し出される感じがどうにも薄い。

下道での様子から、車体はかなり重そうで1.7ｔ以上はありそうだと推測していたのだが、それに対して３００psあるかないかくらいの感じだ。自然吸気Ｖ８なら排気量は少なくとも４ℓ級だろう。４ℓ自然吸気で３００psしか出ないってのは一体どこの化石エンジンだ。もしかして2.4ℓくらいの直４ターボなのか？

もう完全にわけが分からなくなってしまった。このパワートレインがあまりに鈍臭いせいで、推理の糸口を見つけられないのだ。

仕方ないので車体方面に意識を切り替えることにした。

先ほど触れたように、シートはまるで小型車然としたサイズで、サイドシルと幅広センターコンソールに挟まれたスペースはかなり狭苦しい。それに対してドア内張りは大きく彫り込まれている。試しに窓を開けて左手を伸ばしてドア外側形状を確かめてみると、そちらも強く膨らまされている。車輌全幅は確実に1.8ｍ台。いや1.9ｍ台に入るかもしれない。

シートを目一杯後ろに下げて、手を後ろに伸ばして後席と思しきあたりを探る。リアドアはない。リアウインドウも小さい。２ドアの２＋２座クーペであることは間違いない。

首都高に特有の目地段差を通過するときの震えかたに神経を集中してみた。

どうやらサブフレームがモノコックと別に暴れるような不始末はないのだが、さりとて強靭なフロアという感じではない。これに対して上屋はけっこう硬い様子。

2ドアで2＋2座クーペを専用設計できるのはポルシェやフェラーリやアストンくらいのもので、規模の大きいメーカーは4ドアセダンのプラットフォームでこれを仕立てるのが今や常道である。そういう物体をスポーツカーと呼んではいけない。正しい呼称は今や死語となったスペシャルティカーだ。その場合、全高を下げてピラーを寝かせてクーペに仕立て変えると、キャビンが低く小さくなったことに加えて2ドア化してモノコック開口部も減って、勝手に上屋の剛性が上がってしまう。相対的に上が強くて下が弱いボディになりがちなのだ。

その典型だったのが往年のベンツのクーペだった。リア上屋をねじる志向だった20世紀のベンツは、基幹商品の4ドアでその按配を取っていたために、派生させた2ドア車では勝手に上屋が硬くなってボディ剛性の按分が崩れ、走り味が4ドアに比べて数段落ちていた。

そのベンツも含めて大多数のメーカーが上屋を前から後ろまで硬めるようになった今や、派生2ドア車があそこまでの齟齬を露呈することはなくなったのだけれど、それでも上と下の按配の不釣り合いはしばしば見られる。このクルマもそのひとつだ。

だが、その硬さの風情はちょっと不思議である。

BMWのクーペのようにリアが強情に硬い風でもない。アウディのように上屋が凍りついたようにカチカチという雰囲気でもない。日産GT－Rのように、硬いけれど、あらゆる突き上げの角を車体のつくりで減衰させて飲み込んで収めるような感覚でもない。そこそこ硬い。刺々しさを和らげる程度のダンピングはしている。アウディの総アルミ車体のように軽くて硬い感覚もない。

世界の技術の頂上レベルに対して大きな後れは取っていないけれど、それなりの落差はある。そういう雰囲気の車体づくりだ。個々の要素技術では、先頭を走るドイツに対して、GT－Rが力技で追随し、残りが第2集団を形成している状況が続いている。その第2集団の中では、イタリアとフランスは「まあこのくらいはやっといたからいいでしょ」的な脱力感とともに追走し、日本は頑張ってます剛性は大事ですと言いつつ生産面での大規模投資を吝嗇るから追いつけないという始末である。このクルマの車体は、そんな第2集団に位置するレベルと言える。

室内の音環境チューニングも非ドイツ的だ。

エンジン透過音の件でも触れたように、このクルマには念入りな遮音材の投入がしてある様子だが、その周波数特性の山は1.5㎑あたりが中心と思しく、3㎑から上のあたりをカサコソと響かせたがるドイツ車とは全く異なっている。

ダッシュまわりを触診してみる。

ダッシュ上面は平らに設えられている。そのテーブル状の上面は革らしき表皮で覆われていて、手前の縁にステッチが施されている。

と書くとドイツ製を筆頭とする高級車のようだが、指先に伝わってくる感触は異なっている。指先で叩くと、欧州車のそれは芯になるダッシュ基材がどっしり硬い感じがありありと受け取れるのだが、このクルマは軽々しくてペカペカする感じ。またあちらの革の裏は厚くて指の打撃をしっとり吸収してくれるような風情になるが、こちらは薄くて芯材にしている樹脂や、さらにその骨にあたるものの風情が直に伝わるような感触だ。

庇状になっているその部分より下に手を持っていくと、少し奥まった位置に垂直の面がある。指でなぞると、それは緩やかに弧を描いて真ん中が凹んでいる。爪で軽く弾いてみると軽薄な振動で応える。どうもポリカーボネイトの薄板みたいな感じだ。

ううむ。単なる加飾でポリカ板をここに嵌めるということは考えにくい。Ｅクラスのように、メーターやナビ等の表示を超横長のｉＰａｄみたいなものに一体化させていて、こちらは助手席までそれを伸ばしているのかと想像したが、板は左端から始まってセンターコンソールのところで終わっていて短い。そもそもＴＦＴ液晶モニターのような厚みと重さがある感触ではなく、メータークラスターのそれのように薄くて軽いポリカ板がパカッと嵌まっているだけの雰囲気だ。昔のアルファロメオやランボルギーニみたいに、助手席の前に速度計を増設するハッタリでも企図したデザインなのだろうか。謎である。

その縦板の下では、水平な面が手前に張り出している。指をこちらに引いていくと、際に何かがあった。その異物から風が出ている。おっとこれはエアコンの吹き出し口だ。薄く横長のダクトが上を向いてふたつ並んでいる。これは面白いアイデアだと思った。温風にしても冷風にしても身体に直接当たると鬱陶しいし疲れる。上向きに風を出して、キャビンにタンブル型の風を行き渡らせるほうが生理学的には正しいのだ。ただ、この位置だと、盛大に風を吹き出すと顔を直撃してドライアイになる可能性もある。アイマスクをしているおれはドライアイにはなりようがないので、この件は速断を避けておくことにする。

いずれにしても、この内装は造形そのものが凝っていて意欲的だと指先が伝えてくる。けれど触感が伝えてくるのはそれだけではなく、中身のどうにも安っぽい心象も一緒だ。

先述のシートの件もそうだが、物体としての本質的な重厚感や充実感は、Cセグメント、上向きに見積もってもDセグメント実用車のそれでしかないような気がする。目を開けて眺めていると、造形や加飾に惑わされて高級に思えるのかもしれないが、触感が伝えてくるそれは並の量産品のそれである。

シャシーの仕事ぶりを感じ取ってみよう。

後輪は身体の近くにある感じがする。キャビンの後ろのほうに座らされているようだから、曲がる際に横力が立ち上がる地点から推察するに、前輪のほうは案の定ずっと前にありそうだ。ホイールベースはかなり長いのだろう。2.8mくらいありそうだ。6シリーズやEクラス・クーペは下敷きになる4ドアセダンの軸距が2.9m台に踏み込んでしまっているので、それを切り詰めて2.8m台にしている。それらと同じような体格なのだろう。

ちょうど屈曲したセクションに差しかかったようだ。曲がりかたに神経を集中してみる。たぶん尻の位置はホイールベースの真ん中あたりだと思うが、それに対して重心はもう少し前にありそうだ。つまりフェラーリのV12後輪駆動車やアストンのV8ヴァンテージのように前後が釣り合っている感じではなく、ややフロントヘビー傾向が窺えるという話である。

しかも、曲がり始めるときのフロントの横力の立ち上がりかたから察するに、前輪荷重はたっぷりありそうだ。重めのフロントがグリップの強そうなタイヤを地面にしっかり押しつけて、重厚かつ確実に、また落ち着き払って回頭が始まる雰囲気である。

V8が前軸の上に載っていても、ターボ等の補機を重畳させた直4がフロントオーバーハングにぶら下がっていても、同じように前輪荷重はたっぷりになる。とはいえ、重心の位置からすると後者とは考えにくい。

その裏付けはヨー運動の終始を気取れば特定できるはずと、そちらに神経をあらためて注ぎ込む。すると不思議なことに気がついてしまった。

フロントの横力ゲインは刺々しくないのに、それが発生した直後に車体の自転軸がダッシュボードのあたり、つまり重心と思しきところに素早く来るのだ。これは、ちょっと考えにくい振る舞いである。

普通はこうなる。前輪の横力発生によってハナが内側に引き込まれるとき、リアはまだ直進方向に踏ん張っているから、後輪のあたりを軸に自転は始まる。フロントが横力を発生し続けて、その自転が深くなっていくに従って、後輪にもスリップアングルがついてそちらにも横力が発生する。この前後の横力の釣り合いに応じて自転中心は移動していく。初め後輪のあたりにあったそれは徐々に前進する。最終的に前後輪がともにグリップを失うと、物理法則の基本に則って車体は重心を軸に自転することになるのだが、いやしくも現代に市販されている自動車であれば、そこに至らせないようにアシまわりの能力や電制の挙動制御が働いてドライバーを事故から救う。

では、どこまで自転軸を前に出すのかといえば、それは作り手の旋回に対する考えかたや味付けの嗜好性による。例えばNC系までのロードスターは、ホイールベース中央まで素早くそれを前進させて、終始そこで安定させようとしていた。ホイールベース中心とドライバーの尻の位置と重心を一致させておき、旋回時の自転中心も常にそこに置くことがスポーツカーのマナーだとマツダの技術陣は信念を持っていたのだろう。

かたや同じFRでも最近の実用乗用車のそれは違う。後輪優勢気味にすることが半ば当たり前になってきた21世紀、自転軸はホイールベース中心よりも常に後ろに縛りつけられる。リアの踏ん張り感がフロントに優ることが、一般的なドライバーを対象にした際の安定感の核心だという考えかたであり、小回り旋回よりも直進安定と、進路変更のような斜め移動の際の俊敏性を重んじたセッティングだ。

フロントヘビーにならざるを得ないFF車も、ロジック上はそれと似たような運動性になるのだが、中には突然変異種もいる。アンダーステア傾向を生むフロント偏重という質量上の素質を覆すべく、意図的に後輪のグリップを劣勢になるよう設えておき、転舵後は一気に自転軸をフロント隔壁あたりまで前進させてしまうのだ。往年のPSAやルノーの小型FFホットハッチがこういう仕立てをしていた。横置きパワートレインを抱きかかえるように前寄りに座って曲がっていく感覚。リアが流れまくっても気にしない。大袈裟に言えばそういうクルマであった。

このクルマの旋回初期の自転軸の在りようは、それに近いかもしれない。ただし、仏製ホットハッチのように鮮烈に自転軸が前に飛び出すのではなく、気がつくといつの間にかそこにあるといった感じだ。

ところが、旋回の中盤からは様子が変わる。

自転軸が尻の少し後ろあたりまで下がるのだ。微妙にリアが勝ち気味の旋回に移行するのである。

面白いのは、旋回後半にドライバーがアクセルを踏んで加速しようとしているのに、自転軸はそこに縛りつけられたように動かないことである。

このクルマがＦＷＤであるとすれば、パワーオンで前輪の横力は削がれて、自転軸は後ろに下がるはずだ。かたやＲＷＤであればパワーオンで削がれるのは後輪の横力であり、自転軸は逆に前進していくことになる。このクルマは、そのどちらでもないのだ。

自転軸は、旋回上等のＦＷＤホットハッチのようにいきなり前に出る。しかし、ほどなくそれは、安定よりも軽やかに旋回したがるＦＲ乗用車といった按配の位置まで下がる。なのに、ＦＲ車と違ってパワーの多寡によってそれが移動することなく、死んだように動かない。つまり、ＦＦでもＦＲ乗用車もＦＲスポーツカーでもない振る舞いをこのクルマは演じているのだ。何なのだこれは――。

もう車種を探すのに困るという段階ではない。クルマの在りようが頭の中で組み立てられない。過去の2回半の不正解は、在りようをそれなりに固めることができた上で、それに当てはまりそうなクルマのリストを絞り込めなかったことが敗因だった。だが、今回はそこまですら行けないのだ。

今回は平和島パーキングには行きませんと横から声がした。そこに向かう経路が工事中で渋滞しているのだそうである。

ほどなくクルマは首都高を降りた様子だ。暫く走って暫く停まるを繰り返している。左右に自動車やバイクの走行音が行き交う。広めの幹線道路を走っているのだろう。

段差を乗り越えるような突き上げがあって、そしてクルマが停まった。エンジンも止まった。

「さあ回答を出してみてください」

無慈悲な声が右耳に突き刺さる。

困り果てるおれは、困って迷走する思考を順にそのまま口にする。文章を喋ることで、少しは整理できるかと思ったのだ。

「車体のディメンションは大型の2ドア2+2座クーペ。Eセグメント格か、あるいはLセグメント格の可能性もあるかもしれない」

「だが感じる機械の質感はずっと安っぽくて、Dセグメント格。シートあたりはそれ以下にすら感じるところもある」

「旋回性はFFのようでもありFRのようでもあり、どちらでもないようでもある。正直言って分からない」

「それをさらに混乱させているのがパワートレイン。車体の大きさから考えれば4ℓ級のダブルプレーン90度V8が相当するし、低回転での加速の厚みもそれを後ろ支えする。けれど、踏んで廻したときの力感がそれを裏切る。高出力型の直4ターボであるかもしれない」

一拍置いて声が返ってくる。

「なるほど。ずいぶん困ってますね。でも何か車種を言ってもらわないと、この試乗企画は終わらないのでして」

担当者のその台詞には微かに皮肉なニュアンスが混じっているようだ。頼んでいるというよりも嗤っている様子が匂う。練りに練った車種選びに、まんまと嵌まったおれを見て愉しんでいるのかもしれない。

口惜しいが、仕方ない。無理に車種に当てはめてみよう。

モノの質感で言えばＣセグメントかＤセグメントを下敷きにしたクーペなのだが、その手は上屋造形だけ弄ったものが多勢になっていて、スポーツカー風に平べったくしたスペシャルティは今や極少となった。思いつくのはアウディＴＴかプジョーＲＣＺだが、ＴＴのようなアルミ車体感はしないし、ＲＣＺは既に現行販売してないはず。

独活の大木風のエンジンを無視すれば、ドイツ車以外の大型クーペだから、ダッジ・チャレンジャーやカマロやマスタングが思い浮かぶ。だが、内装の造形や仕立ては明らかにそれらではない。エンジンだってもっと活気があるはず。


「で？」

「で。全く思い当たるクルマがない。降参だ」

「放棄試合で、自ら負けを認めるってことですね」

「……」

「間違ってる前提で何でもいいから車名を挙げてください」

「カマロ……いや間違ってる前提だとしても、この薄ら寒い内装の建て込みをそう言っちゃシボレーに失礼だわな。ＲＣＺにしとこう」

無声の哄笑が聞こえた気がした。

促されてドアを開けてクルマを降り、やおらアイマスクを外す。

目に飛び込んできたのはワインレッドメタリックに輝く塗色。前に回って確かめるまでもない。レクサスＬＣ５００だった——。

レクサスにＥセグメント格クーペがあったことを愚かにも失念していたことは認めよう。

確かにディメンションはそうだ。車体の感じも日仏伊のどれかで、サイズで消去法を行うと日本車が残る。

だがＬＣ５００は１３００万円する高価格クーペだ。あの安普請は、５００万円くらいで売るスープラ後継車だとか言われれば納得するかもしれないが、21世紀にトヨタがＢＭＷ６５０ｉや９１１と同じ価格帯で自慢げに売り出しているクルマだとは思えない。乗って身体が受け取る様子が、そちらへの想像をシャットダウンしてしまったのだ。

あの鈍臭いエンジンもそうだ。ＬＣ５００は５００ps近くの数字を謳っていたはずだ。とてもじゃないが、そんなにあるとは思えなかった。腑に落ちるのはアイシン製ステップＡＴってことだけである。それにしても、あの旋回機動性は一体……。

「ＬＣ５００には後輪操舵システムが載ってることはご承知ですよね」

言われて漸く気がついた。あの自転軸の不思議な前進後退は後輪トー角を任意に動かすことでできあがっていたのだ。機械式では３代目プレリュードから始まって、電制ディレイ制御に辿り着いたＲ32系スカイラインＧＴ－Ｒを経て、近代のＢＭＷやポルシェそしてＧＳまで、後輪操舵を採用したクルマの経験値は少なくないし、巧拙についても是非についても重ねて書いてきている。なのに思考が至らなかったとは不明を恥じるばかりであった。

とはいえ、レクサスでもＧＳの後輪操舵は、もっと黒子的だった記憶がある。それを真っ先に採用したＢＭＷ先代Ｆ10系５シリーズは、なかなか巧い設定をしていた。運転モードがコンフォートのときはアシが動くのでリア優勢に縛っておく。スポーツモードのときは一転してヨーが軽々と出るような設定に豹変。それでいて後輪スリップアングルが増すようなパワーオンを一切許さないエンジン制御となる。ＬＣ５００の挙動は大枠ではこれに近い。けれどＦ10系にはスポーツプラスというモードもあって、これを選ぶと後輪優勢気味に戻りながらも同時にパワーオンを許容するようになって、踏んで曲げることができる。ヘタレはコンフォート。ちょっと意気がりたければスポーツ。本気でシゴける腕があればスポーツプラス。ドライバーのスキルと志向を読み切った思考の深さが生んだ電制だった。こういう安定性とエンターテイメント性の塗り分けは今や欧州でトレンド化しているようで、このあいだ乗ったマクラーレン５７０Ｓも同趣向だったし、齋藤浩之さんに伺ったらアヴェンタドールＳもそうだったらしい。

にもかかわらずレクサスはＧＳで、ひたすら黒子に徹するような設定に後輪操舵機構を仕込んできていた。その臆病さ加減はいかにもトヨタらしかったし、トヨタだからこそ黒子に徹するような入念な煮詰めができたのだとも思った。だが黒子に徹するならば、そんな余計なものは載せないでいいだろうとも思った。「ＢＭＷにあるものはレクサスも持ってます」と言いたいだけの浅薄な動機がもたらした結果に思えた。

そしてトヨタは更新されてＴＮＧＡ世代に移行した新しいＧＡ－ＬプラットフォームでＥセグメント格のクーペを作ってＬＣ５００として売り出した。ＧＳの後輪操舵とＧＳ Ｆの高出力仕様Ｖ８を引き継いで。しかしＬＣ５００の後輪操舵は黒子ではなかった。あとで少し運転させてもらった際にもっと明白に分かったが、先記した性格はドライビングフィールとしてくっきり浮き上がり、そこをアピールするような味付けになっているように感じた。と同時に３種類の運転モード切り替えを試したが違いは漸進的だった。丁寧といえば丁寧ではあるのだが、何がしたいのか分からないとも思った。

　エンジンパワーの件は、明らかにギア段数と速度に応じてのパワー制御のやりすぎだと思う。このパッケージ、つまりトランスアクスルでないコンベンショナルなFR車でエンジン出力500psを与えると、普通はまともに走らせること自体が難しくなる。そんなことは90年代に国産ターボチューン車で思い知らされている。車体剛性やアシがそんな20年前のレベルでなく現代の基準で上手に仕上げていたとしても、後輪トラクションの絶対的な不足は明白であり、それはE90系M3や先代IS Fでもパワーオンであっさり逃げるリアという形で表出していた。

　だから予めリアが許容するだけのレベルにパワーを絞るという手は、とりあえず理には適っている。けれど人は顧客は理のみに根拠して1000万円を超える奢侈な自動車を買うわけではない。どうせ使わない使えないのは分かっているけれど、その無駄や余剰を贅沢をした証拠として常に認識させてほしいと思うのが人情だ。その点でフェラーリやランボルギーニは荒れ狂うエンジンの生命力を強く印象づけつつ、最後のところだけ操縦リスクをヘッジしてやる仕立てを選んだ。法外な対価を要求する自動車のことを彼らはよく分かっているのだ。無駄を排し理を通して作ればいいのはレーシングカーであって、高価格な奢侈品としてのロードカーはそうじゃないことを。

1980年代以前に生まれてクルマに耽溺しながらあの1989年を過ごした我々は、レクサスがどういう経緯で生まれたのかを知っている。

初めトヨタは北米で売るマークⅡ（現地名クレシーダ）を市場に合わせて肥大させるだけのつもりだった。だが時代はバブルに向かって上り坂で、「ジャパン・アズ・ナンバーワン」だとか持ち上げられて鼻息は荒くなる一方だった。そんな空気に促されるように、次期クレシーダは世界に通用する高級セダンという企画に変貌し、こうして初代10系セルシオが誕生した。旧来のトヨタのイメージを刷新すべく開発されたそのセルシオをマーケティング面でも印象づけるために、レクサスという上位ブランドが捻り出された。この時点でセルシオ＝LS400であり、トヨタ＝レクサスだった。

ところが21世紀に入ったころ、日本の市場に変化が起きて、中大型セダンのおいしい商圏をドイツ車が蝕侵するようになった。危機感を覚えた王者トヨタは、ドイツ御三家の進撃を迎え撃つ商品が必要になり、輸出版アルテッツァだったISと、輸出版アリストだったGSと、輸出版セルシオだったＬＳを、それらと対抗できる実力に増強することを企図。と同時にレクサス・ブランドの国内展開を決めた。

あの時期は毎年のようにレクサス車の試乗会に呼ばれていたからはっきり憶えている。レクサスに異動したトヨタの技術者たちは、話してみれば頭脳明晰の粒揃いで、しかも対独戦争への意気も軒昂だった。トヨタ車のときは顧客の頑迷な保守性に鑑みて課せられていた旧態然とした制約——例えば粉が出てローターを削るパッドの使用不可や4.0ℓＶ８でさえ４ℓほどに留められたエンジンオイル容量など——がレクサス車に関しては一部とはいえ解除された。それがどんなに自分たちの仕事にタガを嵌めていたかを、出遭う技術者たちは誰もが話し、そして明るい表情でレクサスの開発を彼らは語ったのだった。

もちろん、それだけでＢＭＷやベンツに比肩するクルマが生まれるはずもなかった。秀才揃いで勉強熱心な人が揃うトヨタの技術陣の一線級であっても、彼我の懸隔は一夜にして埋まるわけがなかったのだ。

それでもＥ90系３シリーズを追いかけたＩＳなどがそうだったけれど、ドイツの先生の背後を追走して、もう少しで伸ばした手が掛かりそうなところまでは迫っていたケースも見られた。これならば次世代は期待できると思った。実力不足のプラットフォームや垢抜けきれない内外装デザインやトヨタの枠組みを出きれない艤装材など、自省して一歩踏み出せばドイツに追いつくのではないかと希望が持てた。

だが期待は失望に変わった。日本のレクサス・ブランドでは2代目になるISやGSは、またしてもお手本を懸命になぞったようなクルマに留まっていた。個々の要素技術で些かの後れを取るのは仕方ないとは思っていたのだけれど、車輛企画そのものにドイツ車を凌駕しようとする志が感じられなかったことがおれに溜息をつかせた。本質的な内容は劣っても似たようなスペックの性能を紙の上で担保しつつ標的ドイツ車よりも少し廉く売る。心がいじけたそういうクルマにしか見えなかったのだ。3代のセルシオの跡を襲ったLSも、格付けの上ではLセグメントにエントリーしたように見えたけれど、内容的にはシトロエンC6やランチア・テージスあたりとも似て、アップグレード版Eセグメントの域を出なかった印象が濃かった。

挑戦者は王者に対するとき、小技や練達の玉成で勝負したら、仮に同じ程度まで達成できていても、市場は必ず王者に判定勝ちの軍配を上げる。であれば、些か雑で粗っぽくても圧倒的な一本勝ちを狙うしかない。それが挑戦者の心得だ。戦後にフェラーリに対して旗揚げした幾多のライバルのうちランボルギーニだけがそれをやったから、サンタアガータのあの小さな会社は何度もの消滅の危機を乗り越えて健在なのだ――。

そんな話を、ＬＣ５００が停められたコンビニの駐車場で紙コップの１００円コーヒーを啜りながら担当者に語った。夜半過ぎとはいっても、そこは東京23区内。コンビニには若者がひっきりなしに出入りする。その中の男二人連れが呟くのが耳に入った。

「なんだこれ。カッケーじゃん」

傍らの相棒も頷いている。

確かにＬＣ５００は恰好いい。現行のＩＳやＧＳやＲＣではグロテスクに見えたあくどいデザイン要素の処理も、このＬＣ５００では上手にプロポーションに収まっていて嫌悪感を抱かせない。エクステリア造形だけならば、6シリーズやEクラス・クーペなぞ蹴散らして素敵だ。低く構えたクーペこそ恰好いい自動車の姿だと刷り込まれたおれたちオッサンの情緒を強く揺り動かすだけの力を持っている。2000GTにさほどの情動を覚えないおれとしては、トヨタのクーペ史上で最高のデザインだとまで思う。そしてその形は、ハタチ前後と思しきお兄ちゃんたちをも感服させていたのだ。

けれどLC500は本質的には先ほど書いたようなそういうクルマだった。恰好だけは図抜けて素敵だが、触れてみれば端々の安普請がすぐに露呈する。もはやベンツBMWと比べる気にもならない。前の世代で透けて見えた志の低さは、今度は具体的な現実となってそこかしこに表出していたのだ。

にもかかわらず価格は1300万円だという。650iが1384万円などという唖然とする正札を提げていたことを思い出せば、LC500で1300万円と張り込んでも、物を見る目がない者がけっこういて、喜んで買ってくれるはずだ——。そう考えた人がトヨタにいたこと自体は、勝てば官軍で売れれば正義が商売なのだから因縁をつける気はない。だが、おれの貨幣価値観はこの物体を、上っ面を剥いでしまえばその半額くらいが似つかわしい工業製品だと判断した。90年代に４００万円前後だった80系スープラを現代の貨幣価値に移し替えればそれくらいだろうから――。

ヤサまで送り戻してもらう助手席で、東京城南部の街景色をぼんやり視ながら思いが巡った。

第二次大戦に負けて焼け野原になった日本は、その地勢を共産主義の防波堤として太平洋における資本主義の最前線にするというアメリカ合衆国の勝手な思惑に助けられた。米軍を駐留させる代わりに非武装を国是と設定され、それに充てられるかも知れなかった資金とマンパワーは産業育成に投じられることになった。意図的に廉く設定された円のＵＳドル為替レートによって、育成された日本の産業が生み出す製品は自動車や家電を筆頭に、西側の王者として繁栄を若き団塊世代が愉しむアメリカへと輸出されて、高度成長期の原動力となった。日本が復興したのは戦争を生き延びた昭和ひと桁世代の人たちの粉骨砕身――今言われるブラック企業だとか過負荷就労だとかの文言を鼻で笑えるほどの――おかげであったことは、その世代を父母に持っていたおれは断言できるけれど、背後にそういう追い風があってこその驚異的成長であったことも銘記しておかねばならない。

そして高度成長期は、レクサスが誕生したバブルの頂点1989年を以て終了し、日本は無為無策で立ちすくんだまま所謂失われた15年が過ぎた。暦の数字の上では2001年に21世紀に入ったわけだが、日本が真の意味で新しい時代に足を踏み込んだのは、2011年の東日本大震災によって多くの国民のメンタリティが変わって以降だったように思う。あの衝撃的な悲劇と原発に関する人災を目の当たりにして、我々は茫然から目覚めたのだ。勉強して偏差値の高い学校に入って有名大会社に就職するという方法論、言い換えれば向上心で努力を積み上げて経済的に豊かになることが幸せという20世紀後半の無邪気なテーゼを、漸く捨てる決心がついたのだ。

もはや日本は観光で何とか潤っているだけの凋落の国家に成り下がろうとしている。やってくるアジアからの観光客は、日本は物価が安いから来たのだと言う。僅か十数年前に我々がタイやインドネシアに旅して言っていた台詞が、そのままひっくり返っているのだ。世界一高いと言われた東京の土地の値段も、もはや世界ランキングで2桁台にずり落ちたらしい。

高度成長期に日本は欧米に追いつけ追い越せで、ひたすら走って、１９８９年にやっと手を伸ばせば彼らの背中に手が届くと思った。けれどそれが頂点だった。気がつけば欧米の物真似芸以外での創作力は健全に育っておらず、呆然としているうちに物真似芸では新興アジア各国がいつの間にかこちらを追い抜いていった。

そんな日本の戦後70年がレクサスの３世代に重なって見えた——。

憂いに沈考するおれを家の前で下ろした担当者は、最後に今日は予想していなかった報せを告げた。

実は休刊が決まりました。このＬＣ５００の試乗記は掲載誌が発刊されません。しかし広報車を借りてしまってから決まった話だったので、乗るだけは乗ってもらうことにしました。試乗を終えてからのお話で申し訳ありません——。

薄々心構えはしていた。

もはや雑誌というメディア形態は生命力を残していない。少なくとも広告収入で編集費と印刷費を賄って、実売で利益を発生させるという20世紀後半に確立したビジネス形態はとっくに成立しないのだ。書籍と同じように、著作料と制作費と印刷製本代と売り上げが見合うようなモデルに移行するのでなければ、生き延びることは不可能だ。自動車メーカーという国の基幹産業の製品を扱っていたから自動車雑誌は数を減らしながらも辛うじて完全に絶滅せずに済んできたけれど、もうこれから先は有名誌でも次々に消えていくだろう。好景気の最後の花火とされている東京オリンピックの２０２０年に向かって死の行軍をする運命が待っているのだ。

そんなことはとっくに見えていたからモータージャーナルＦＭＯを立ち上げたのだし、今までも少しずつ歯が抜けるように仕事先の媒体が消えていっている。休刊の告知そのものは、やっぱりという反応しか湧いてこなかった。

それは飲み込めたのだが、少なからず面白いと皆さんが言ってくださっていたブラインド試乗記が、とりあえず暫くはできなくなることが残念である。これはおれが立てた企画だから、どこかに持ち込んで再開することはもちろん考えている。けれど、とりあえず今のところはこれで区切りだ。

全5戦、1勝3敗1引き分け。それが、おれの正味の実力で記した通算成績である。

（FMO 2018年3月13日号）

フェルディナント・ポルシェという人物を振り返る

フェルディナント・ポルシェという人物がいる。それなりの深度で自動車に興味を寄せる者なら誰でも名前を知っていることだろう。けれど、自動車メディアで、この人についてのきちんとした人物伝に出遭ったことがない。フォルクスワーゲンのカブト虫を設計した天才です。100年以上前にハイブリッド車を作っていました。現在のポルシェ社の開祖です。みたいな子供向けの偉人伝的なやつばかりだ。ネットを渉猟すると細かい事績を拾うことはできるが、まとまった書き物となると、やはり賛美と崇拝で塗り潰されている。自動車メディアは、ポルシェにまつわる人もクルマも神聖にして冒さずという狂信的カルト宗教に帰依しているようだ。そんなカルト宗教は気持ち悪いだけなので、自分で書いてみることにした。

□生誕地とルーツ

フェルディナント・ポルシェの生涯を俯瞰したときに重要なのは出生地である。

現在のポルシェという自動車メーカーの本拠はシュトゥットガルトにあり、技術コンサルタントという戦前の形態をそのまま引き継ぐポルシェ・エンジニアリングという会社のほうは、開発センターであるヴァイザッハも含めてドイツ連邦共和国のバーデン＝ヴュルテンベルク州に在所する。だからポルシェはドイツのメーカーのひとつに数えられていて、彼らの生産車はドイツ車とされている。

だが、フェルディナント自身はドイツ人ではない。

フェルディナント・ポルシェは1875年9月3日、マッフェルスドルフに生まれた。マッフェルスドルフはドイツ語による古い呼称であり、現在はヴラティスラヴィツェ・ナト・ニソウという魔法の呪文のようなチェコ語での呼びかたが正式だ。属する国家もチェコ共和国である。

位置関係を再確認しておこう。チェコはドイツの東の横っ腹に突き刺さるように位置し、そのチェコとドイツの南の山岳地帯にオーストリアとスイスが東西に並ぶ。チェコの東側には、今から27年前の1993年に分かれたスロバキアがあり、チェコとスロバキアの北がポーランドだ。

そしてチェコは、かつてモラヴィアと呼ばれた東部と、ポーランド国境に近い北東のシレジアと、そして現首都プラハを中核としたボヘミアと呼ばれた西部の、3つの地方から成っている。古称マッフェルスドルフ、現名ヴラティィスラヴィツェ・ナト・ニソウは、このうちボヘミア地方に属している。

民族学における一般的な解釈では、ボヘミア人は西スラブ人という分類になっている。中東欧からロシアにかけて棲んでいる長身で白い肌の人たちの一部ということだ。

けれども、話はそう簡単ではない。

古代史を辿ると紀元前にボヘミアの地に先住していたのはケルト人だということが分かる。ケルトは、そのころ広く欧州全域に定着し、現在のフランス人のルーツとなっている民族であり、グレートブリテン島もアングロ＝サクソン系やノルマン系が侵食してくる前は彼らの土地だったし、スコットランドやウエールズには今でもケルトの残り香が濃く存在する。

ところが紀元後1世紀頃、ゲルマン語系の民族がボヘミアに移動してきて定住する。このゲルマン語系の人々は、5世紀頃に例のゲルマン民族の大移動で西へ去ってしまい、再び土地は西スラブ人の支配するところとなる。

こうして10世紀頃まで西スラブ人の国がそこを治めていたのだが、11世紀にはハンガリーのマジャール系が攻めてきて占領しようとした。困った西スラブ人の支配者は、現在のドイツを中核とする神聖ローマ帝国に対して、傘下へ入るから頼むと助けを求めた。こうして名目上のボヘミア支配者は西スラブ人だが、実質はドイツという二重構造が生まれ、続々とドイツ人が移り住むようになった。

中世の終わりになると、神聖ローマ皇帝はオーストリアを根拠地とするハプスブルク家の者が代々その座に就くようになる。ここで注意したいのは、中世後半において神聖ローマ帝国は実質的には小国の集合体でしかなかったということだ。神聖ローマ皇帝は小国の王のうちから羽振りがいい者が選挙で選ばれた。そのころ羽振りがよかったのがハプスブルク家だった。つまり、この時点では今で言うドイツという概念は存在しなかったのだ。

ところが、18世紀の終盤、フランス革命によってネイションステイト、つまり「同じ自意識を持って一定の地域に居住する人々から成る国民国家」という共同体の概念が生まれてヨーロッパを席巻し、それに突き動かされて現在のドイツ地域に棲んでドイツ語を話す人々も漸くドイツ民族という意識に目覚め、自分たちのネイションステイト確立を望み始める。ところが、その新生ドイツの主導権争いがベルリンを拠点とするプロイセンとオーストリアのあいだに発生し、外交では片がつかなかったので戦争をしたところ、プロイセンが勝って、弾かれたオーストリアはハンガリーを抱き込んでドイツ帝国とは別の国を作ることになった。

という世界史の授業の復習をしてみて分かるのは、そのオーストロ＝ハンガリー二重帝国に含まれていたボヘミア地方が、非常にややこしい民族構成になってしまったという状況である。大まかに分けると、昔からいた西スラブ系と、国際政治の成り行きから侵入してきたハンガリー（マジャール）系と、支配者ドイツ系。これらが大体3分の1ずつという混成になったのだ。その3民族が、それぞれのあいだに当然ながら軋轢があって、それぞれに民族自決を申し立てる。これがひとつの火種となって第一次世界大戦は勃発した。

その結果、ボヘミアは隣のモラヴィアと一緒にチェコスロバキアという国を建てた。それでも依然として火種は燻っていて、第二次大戦後に共産化したチェコスロバキア共和国は、ソ連解体後の1993年にチェコとスロバキアに分かれることになったのだった。

さて、本稿で問題にするのは現代史でなく、ポルシェ家がそんなボヘミアのどの勢力系統だったのかという点である。

手掛かりはPorscheという姓だ。

Porscheという姓は、21世紀研究会編『人名の世界地図』（文春新書）によれば、ふたつの解釈があるという。

ひとつはトルコ系の人名であるポリスから派生した説。トルコ語でポリスは「小さい人」の意味だそうだ。一方、スラブ民族の中での解釈だと、ポルスラヴに由来するとされているらしい。ポルスラヴの語源は戦いや栄光といった勇ましいもの。911の愛好家としてはこちらを採りたいところだろうが、だとするとポルシェ家はスラブ系ということになってしまう。マッフェルスドルフはボヘミア地方の中では、はっきりとドイツ系が少ない土地だという事実も、これを後押しする。

ところが家系を辿ると別の説が生まれてくる。18世紀まで遡ることができる彼の地の戸籍記録によれば、マッフェルスドルフ近郊に棲んでいたポルシェの家系の多くは職工であり、フェルディナントの父のアントニウス（1845年生まれ）もブリキ職人であった。彼の地で伝統的職工といえばドイツの誇るマイスター制度を思い出すし、残された伝記類によれば、アントニウスはフルディナントが幼少のころから厳しく家業を仕込むべく修行させたというから、ドイツ系ではないかとの仮説も十分に成り立つ。

ちなみに、ポルシェは少なくともスラブ系ではないという説が業界の主流である。フェルディナントは、のちにナチス政権の要請でフォルクスワーゲンを設計することになる。だがヒトラーはスラブ系を劣等民族と決めつけた。もしポルシェがスラブ系であれば、その仕事は発注されなかったはずだというわけだ。しかしフェルディナントはヒトラーの大のお気に入りだったし、国家的大事の前に担当者の出自なぞ握りつぶすことは恐怖独裁政権にとってわけもないことだったはず。ＶＷの件がそのままポルシェのドイツ系説を証明する根拠にはなりそうもないのである。

ここで冷静な大局観に立ってみよう。

民族とは、定住地や言語や宗教や歴史など文化的要素を共有する（と互いに認めている）集団である。つまり概念上のものであり、ＤＮＡ検査で科学的精密性を以て確定できる根拠は持たない。極端に言えば一種のイリュージョンあるいはファンタジーである。

例えば、ゲルマン民族。これは漢民族とか日本民族とかと同じで、金髪長身碧眼という形質では大まかに共通し、ドイツ語系の言葉を話すなど大雑把な枠組みは何となくあるけれど、遺伝子解析をするとそこにスラブ系をはじめ様々な血統が入り混じっているのが分かってきている。

という風に科学的な精確性を期すれば期するほど事は曖昧になっていく。民族とは、そういう科学的な見地でなく、あくまで概念上のものだという割り切りが大事だ。自分はそこに属するという自意識を共有することで民族という集団イリュージョンは成り立っている。例えばダルビッシュ有や山﨑康晃は、自分を日本人だと考えているからＷＢＣ日本代表に加わったのであり、我々も彼らを日本人だと思っているから、日本人という民族なのだ。

ではフェルディナント・ポルシェはどうだったのか。

フェルディナントは48歳になった1923年に独ダイムラー社へ転職した折にウィーンからシュトゥットガルトに引っ越した。つまり当時のオーストリア共和国から出て、共和制下のドイツ国に移住しているのだ。そしてシュタイア在籍を経て29年には独立して自身の設計事務所をシュトゥットガルトのクローネン通りに開いていた。けれど、そのとき国籍は移さずチェコのままだった。第二次大戦後の老境に至ってもフェルディナントは言っていたという。「私はボヘミア人だ」と。

自意識においてフェルディナント・ポルシェはドイツ人ではなかった。あくまでボヘミア人だった。であれば彼はボヘミアあるいはチェコの人だったと言うべきだろう。

□誕生から幼少期

ここからボヘミアにボヘミア人として1875年に生まれたフェルディナント・ポルシェの幼少期を語っていくことにしよう。

ただし、その前に頭に入れておかねばならないことがある。彼が生まれた19世紀末における機械工学の世界の状況だ。

ご存じのように、自動車は1886年にカール・ベンツが作ったものが人類初とされている。だが『午前零時の自動車評論』で何度も書いたように、実は隣のオーストリアにもフランスにもアメリカにも、もっと早い例があったことが今では解明されているのだ。とはいえ、単発の発明でなく、それを工業製品として継続的に作ることを念頭に置いていたという点で、ベンツとそして直後に続いたゴットリープ・ダイムラーはそれら先例と違っていた。このあたりを総合的に評価するならば、ベンツとダイムラーが自動車の始祖であるとして構わないとは思っている。

だが、自動車は主婦の便利アイデア発明グッズみたいなものとは違う。それを成立させるには、鉄を筆頭とした金属工学はもちろん、点火系を構成する電気工学、さらには燃料やタイヤの材料となる化学が下地として確立していなければならない。

欧米における近代的な科学技術は、まずフランスが先陣を切った。欧州を制覇したナポレオンが軍事に貢献させようと後押ししたエコール・ポリテクニークは、数多くの理工系の頭脳を送り出し、18世紀から19世紀にかけて科学は大きく進歩した。それでも、当時の学問の主流は抽象的な理論を尊ぶギリシャ時代以来のリベラルアーツと呼ばれるもの。これに対して、機械や設備そのものを扱う設計技術は高踏ならざる卑近なものと考えられていたのだ。

ところがイギリスは違った。今に至るまできわめて実際的な思考回路を持つ彼らは、確立されたロジックに基づいて自働機械や、それを稼働させる動力発生機械を生み出すことになった。そして生まれた製鉄法や蒸気機関や自動織機が19世紀に入るころに産業革命と呼ばれる大変革を起こすのである。こうしてイギリスは大英帝国と称されて栄華の絶頂期を迎えるのだが、それは終わりの始まりでもあった。19世紀の半ばから今度はドイツが、技術工学の世界で次々と新たな地平を切り拓き始める。技術工学の主役は再び交代するのである。

ドイツと書いたが、今、我々が考えるドイツが国として固くまとまったのは、さほど遠い昔のことではない。ゲルマン語系の集団は古にローマ帝国を破ってヨーロッパ中央部を支配し、やがて神聖ローマ帝国を設立するが、その実態は中央集権による強固な組織ではなく、頭領が狭い地域を武力支配する小国（正確な言葉を使うなら領邦である）の集合体であった。それが隣のフランスを筆頭とする周囲の勢力との抗争を繰り返したのち、19世紀の初めになって漸く北のプロシアを中心とするドイツ帝国と、南部の山地からハンガリーにかけてを押さえるオーストリアに分かれて近代的な中央集権国家の形態を取るようになった。ちなみにドイツ帝国の成立は1871年。明治維新よりも3年遅れるのだ。

この帝国成立によってドイツは精神的にも具体的にも一体感を持ってみるみる強国となっていく。人々のそうした意識の高揚と歩を同じくするように、4サイクルエンジンや発電機をはじめとする機械工学上の重要な発明がドイツで相次いで生まれ、19世紀末のベンツやダイムラーの自動車に繋がっていく。

とはいえ19世紀後半におけるそんなドイツの伸張は、単に宿願だった国家成立の熱気だけが要因ではない。宗教改革によってプロテスタント化した地域が多かったドイツは、教理を強いるカトリック地域に比して合理性や論理性を積み重ねようとする傾向が強かった。また小国分立の時代からヨーロッパの通商路の要となって栄えた地域には大学が設立されて全欧州の学識が集い、多くの優秀な頭脳を育てるインフラが整っていた。そしてギルド制を生んだこの地域では鍛練を積んだ手仕事で優れたものを作ることを尊ぶ価値観があった。そういう下地がドイツ統一で爆発したのである。その下地は有能なテクノクラート（技術官僚）の量産に繋がり、彼らはのちにナチス政権下での軍事増強を推進させる国家規模のシステムを支えることになるのであるが――。

まとめよう。フランスが理論を打ち立て、イギリスが現実の機械に置き換え、ドイツがそれを精緻に製品化した。自動車の誕生はこうした構図のもと19世紀末にドイツで誕生したのである。

そしてフェルディナントが生まれた。

時は１８７５年９月３日。ニコラウス・アウグスト・オットーが４サイクルガソリンエンジンの実働品を完成させる前年である。

実父はアントニウスという。フェルディナントは５人兄弟姉妹の３番目の子だった。

記録を遡って確認できるポルシェ家の最も古い世帯主は、１７５０年生まれのヴェンセスラウスで、この人はザルツブルク領主の文書送達吏だったようだが、彼に続くポルシェ家代々の主の多くは職人仕事に就いており、フェルディナントの父アントニウスもブリキ加工を生業とする職人だった。

ここで留意しておく必要がある。世紀の変わり目ごろから日本では、国の方針のもとでモノづくりを尊ぶキャンペーンが張られて『プロジェクトX』のような安っぽい浪花節を唸るTV番組もヒットした。それとともに職人という言葉がもてはやされるようになった。

確かに職人は、鍛えた手仕事の技を身につけて、家内制手工業的な少量生産の工程においてはモノづくりの重要な担い手となる。だが、その技は前の世代から次の世代へと連綿と受け継がれたものであり、彼らは手堅い保守性を奉じて生きる人たちであって創造性は持たない。職人とは褒め言葉でもあり、貶し言葉でもあるのだ。和菓子屋の家に育ったおれは、身を以てそれを知っている。

さて、そういう家系に生まれたフェルディナントはしかし、頑なに守旧にしがみつく種類の人間にはならなかった。

言うまでもなく父アントニウスは金属加工の家業を継がせようとした。19世紀末のことである。しかも階級の壁がいくつも立ちはだかる欧州である。子弟を専門分野の学校に通わせるなど職人階級の家庭には考えられぬことであり、フェルディナントは幼いころから生家で徒弟修業を命じられた。

避け得ぬ運命としてそれを受け入れつつも、フェルディナントは金属加工でなく、新たに開けようとしている科学の時代に目を惹かれて創意工夫を志す子供だったという。そのころ1870年代から80年代にかけてドイツではエンジンに関する技術工学が爆発的に進歩していたのだが、内燃機はとても子供には手が出せない世界であり、幼いフェルディナントが興味を持って遊んだのは電気であった。

18世紀にイギリスの物理学者ヘンリー・キャヴェンディッシュがのちにクーロンの法則やオームの法則として知られるようになる電気理論を確認。次いで19世紀に入ると自然科学者マイケル・ファラデーが単極誘導モーターの原理を1821年に、モーターの原型のなる実動機を32年にに製作する。イタリアでルイージ・ガルヴァーニやアレッサンドロ・ヴォルタが端緒を開いた電池の研究は、既に19世紀初頭にバイエルンの科学者ヨハン・ヴィルヘルム・リッターによって小型の乾電池という汎用性ある形に結実していた。

またドイツでは、1886年に、ロベルト・ボッシュが電気製品の開発製造をする会社を立ち上げ、ヴェルナー・ジーメンスが直流発電機を発明していた。電球も1880年代には研究段階を抜けて実用化の域に入っていた。

こうして内燃機よりも僅かに早く汎用化のフェイズに入っていた電気機器にフェルディナントは夢中になり、日暮れ後までスケートで遊ぼうとする姉の靴に豆電球を取り付けてスポット照明としたとの逸話を残したのだった。

□修学から実践へ

さて、ここでもう一度、地理と歴史の復習だ。

フェルディナントが生まれた19世紀の末、ボヘミアを所領としていたハプスブルク家の当主はフランツ・ヨーゼフ1世だった。

彼は、オーストリア帝国の帝王であると同時に、ハンガリー王国の王でもあったのだが、オーストリアは国内の紛争を収めるためにハンガリーに対して大幅な自治を認めた。先述のように、ボヘミアは住民の中心こそスラブ系だったが、中世以降の支配者側はドイツ系であり、ドイツからの植民も少なくなかった。そんな状態のところへ、フランス革命を機にして民族自決というテーゼが全欧に行き渡っていく。ボヘミアからハンガリーにかけてのスラブ系の土地でも民族としての自意識が盛り上がって革命闘争があちこちで勃発する。

そんな状況に鑑みてヨーゼフ1世は、自身が王位に君臨するハンガリーをオーストリア帝国に飲み込むのでなく、形式上は別の国とした。オーストリアとハンガリー両国は同じ君主を抱く二重帝国として緩やかに一体とする形態すなわち所謂オーストロ＝ハンガリー二重帝国となった。

こうしてオーストリア帝国は、ハンガリー王国に対して、財政と外交と軍事を除いて独自の行政権を認めていたのだが、教育については違った。オーストリアが率先することになったのである。そして閣僚アルマント・ドゥムライヒャーの主導で職業訓練学校が各地に設立されることになった。

その学校が立ち上がるのが1876年。まずはオーストリア帝国の都市グラーツやザルツブルクを手始めに、ハンガリーにもボヘミアにも職業訓練校は設立されることになる。ボヘミアにおいては第2の都市ライヒェンベルクが選ばれた。


こうして長々とボヘミアの歴史を書いてきたのには理由がある。

フェルディナント・ポルシェが初めて正規の技術教育を受けたのが、そのライヒェンベルクの職業訓練校だったのだ。小学校を出たフェルディナントは徒弟として父の仕事を手伝う——19世紀の職人階級の家庭では当たり前のことだった——のだが、ぜひにと頼み込んで貿易を柱とした商業や技術工学を教えるこの職業訓練校の夜学に通わせてもらえることになったのである。

それは何とも絶好のタイミングだった。もし生まれるのが少し早くて職業訓練校が存在しなかったら、彼は父の命じたとおり家業を継いで金属加工の職人で終わっていただろう。生まれるのが少し遅ければ、第一次大戦に負けてオーストロ＝ハンガリー二重帝国が崩壊していた。これによってチェコスロバキア共和国が成立するのだが、その国家は体制が脆弱で揺籃のまま第二次大戦を迎えていくことになる。ボヘミアから出て立身出世の物語は描けなかっただろう。

夜学に通ってフェルディナントは18歳になった。

彼は職人的手仕事ではなく、学術体系として技術を習得するステージに進みたかった。しかし18世紀の価値観で生きる父は当然ながら自分の跡を継ぐことを強いる。当然そこに確執が生まれる。だが、妹がその確執を解いた。

フェルディナントの兄弟姉妹は4人いた。

一番上は長女のアンナ・マリア。

二番目が長男アントニウス・フェルディナンドゥス。

三番目が次男のフェルディナント。

四番目が次女へドヴィヒ。

末っ子が三男のオスカーである。

このうち次女ヘドヴィヒは、敷物工場に勤めるアントニウス・ヨーゼフという青年に嫁いでいた。その青年の雇い主ギンツキー家が、フェルディナントの才気を惜しんで進学を後援してくれたのである。こうして彼は出生地ボヘミアを離れて、オーストリア帝国の帝都ウィーンに出ることになった。ウィーン工科大学で学ぶことになったのだ。

とはいえ、仕送りで暮らしてもっぱら学んでいられるほど経済的に裕福ではない。だから彼はベラ・エッガーという同地の電機メーカーで働いて棒給を得る勤労大学生となった。

その会社は、機械工ベルンハルト・ベラ・エッガーが設立したもので、彼が入社したころは実用化されたばかりの電燈や発電機、送電機などを製作していた。この会社でフェルディナントは計画部の第一助手兼テスト部門の責任者に任じられた。

こうして働いているとき、ルートヴィヒ・ローナーという男がベラ・エッガー社と提携を申し込んできた。

ルートヴィヒは彼の祖父が興した馬車工房を継いでいた。ローナー社は王室御用達の馬車も作る名門であった。だが社の主となった１８８７年には既に馬車の時代は終焉を迎えていた。なにしろモーターで走る電気自動車は既に１８３０年代に生まれていたし、前年にはカール・ベンツが３輪自動車の実働品を完成させて特許を取得していた。そんな状況をよく知る若き社主ルートヴィヒは、これからは自動車の時代だと断じた。

といっても、クルマに積めるような小型のガソリンエンジンはベンツやダイムラーたち先駆者が漸く実用化したばかりだし、特許も成立していて敷居が高い。かたや電動のほうは直流よりも出力が稼げる三相交流モーターが実用化されていて、電気機関車用では１５０馬力を実現していた。それにまたガソリンエンジンは運転時に大きな騒音をたてるから、ローナー社が作っていた豪奢な馬車が行き来する社交場には相応しくない。そこで既に普遍化している電池とモーターを使って車輛を動かそうと彼は考えた。モーターならば騒音は最小限で済むから、社の上得意先にも受け入れてもらえると踏んだのだ。

こうして新社長が策定した事業方針のもと、ローナー社は電気自動車の開発を目指すことになったのだが、動力源に関しては素人同然だ。そこでノウハウを有するベラ・エッガー社に提携を持ちかけたのだった。

共同で仕事を進めるうちに、ルートヴィヒは、ベラ・エッガー社で働くポルシェという名の若き技術者に目をつけた。才気煥発。野心もありそうだ。ならばと引き抜くことにした。こういう成り行きでフェルディナントは1898年にローナー社に移籍して電気自動車の開発を始めるのである。

奮い立ったフェルディナントは電気自動車の企画を創案した。

モーターは薄い円盤型に作れるから、これを車輪の内側に入れて廻す。今で言うインホイールモーターだ（ただし当時のタイヤは幅が狭い自転車のそれに毛が生えたようなものだったから幾ら薄いといってもホイールからは内へも外へもはみ出すのだが）。

そのインホイールのモーターを、フェルディナントは後輪でなく前輪に組み込んだ。ベンツ以降、エンジンで動く自動車の駆動輪はリアであり、前輪駆動はもう少しあとにならないと実用化されない。なのに、なぜ彼は前輪を選んだのか。

ヒントはのちに取得したオーストリア帝国の特許１９６４５号の書類から察せられる。その題目は『電気モーターによる操向車輪駆動』である。

エンジン車の場合は動力源がひとつ。そこからのトルクを、ディファレンシャルを介して左右輪それぞれに振り分けねばならない。だが、左右輪ごとにモーターを仕込むこの方法だとその手間が要らない。駆動系のメカは不要なのだ。

しかも、左右のモーターの出力が異なるように仕立てれば、その左右差によって進む向きをコントロールすることもできる。フェルディナントは、駆動メカの省略と同時に、トルクによる旋回まで狙ったのだ。今風に言うならばトルクベクタリングによる操向である。

さらに言えば、フェルディナントは、クルマの惰力でモーターを廻して発電機として機能させる、所謂エネルギー回生まで視野に入れていたようだ。

最終的にできあがった車輛には普通にステアリングホイールを廻して動かす操向装置が用いられたし、後輪にモーターを組み込んだ仕様も製作されているのだが、計画の初期段階では、駆動と旋回を一石二鳥で実現する機構をまず彼は目論んだのである。

こうしてSemper Vivus号、のちに言うローナー＝ポルシェ車の第1号が1899年に完成した。

モーターの出力は2.5馬力。ただし短時間の過負荷運転なら7馬力まで可能で、最高速は50km／hだったという。

この性能は、同時代のエンジン車に比べると低めだが、それは車重が重かったせいでもあった。なにしろバッテリーは鉛電池の時代で、未だ効率も低かった。それでも50kmという目標の最大走行距離を稼ぐために大型化を余儀なくされた。鉛バッテリーは重さ410kgにもなってしまった――。

また、重さといえば、現代でもインホイールモーター式の電気自動車の弱点は、ばね下重量の過大だ。黎明期の原始的なモーターを使うローナー＝ポルシェ初号機では前輪左右それぞれ115kgもあった。

この初号機は、翌1900年のパリ万博に出品されて高い評価を受ける。それを知った英国の馬車工房E.W.ハートから注文が舞い込んで、フェルディナントは後輪駆動仕様を製作した。こちらは最高速が60㎞／hに上がっていたが、電池はなんと１８００㎏もあったという。のちのマウス戦車やエレファント戦車を想い起こさずにはいられない重厚長大である。構想の理路を敷いたら、あとは誇大妄想的な重畳に陥ろうともこれを貫く。フェルディナント・ポルシェは、その初作から所謂エレガントエンジニアリングとは無縁の人であった。

重畳といえば、彼はこれもハートの注文で、前後輪の両方にモーターを組み込んだ４輪駆動車も製作した。この４WD電気自動車は、フェルディナント自身の運転でレースに出場している。レースこそが製品プロモーションの決め手であり、開発者自身が作品を駆って胸を張った時代であった。

もちろんフェルディナントもバッテリーが電気自動車の最大の問題だという認識はあった。そして発電機で充電しながら走ればその問題は縮小できると思いついて、鼻先にガソリンエンジンも積んだミクステというモデルも製作している。

ミクステというと、内燃機関による動力と電気モーターによる動力を適宜使い分けるトヨタTHS方式ハイブリッドのようなものを想像するかもしれない。しかしミクステが積んだエンジンは発電機を駆動するだけの仕事しかしなかった。今風に言えばシリーズハイブリッド車である。

こうしたローナーにおけるフェルディナントの仕事は6年ほど続き、社は300台ほどを販売したと遺された記録にある。

しかし、そこまでだった。フェルディナントが使った開発費は莫大な額に上って利益は出なかった。加えてエンジンが瞬く間に長足の進歩を遂げていた。電気自動車の時代は、たった6年のあいだに終焉を告げていたのである。

さて。ミクステは、今をときめくハイブリッド車の嚆矢だったとしてフェルディナントの多才が賞賛されている。だが、彼は電気機器の技術者として実社会のキャリアをスタートさせたのだ。電気技師として彼は電気自動車を作った。そして重く大きなバッテリーを積む代わりに発電機としてエンジンを積んでみた。現代の日産ノートe－POWERなどがそうだが、シリーズハイブリッドの本質は電気自動車である。モーターが主役で、発電用のエンジンはレンジエクステンダーとも呼ばれてしまう脇役だ。

電気自動車は、ダイナモの発明者として知られるハンガリーの技術者イェドリク・アーニョシュ・イシュトヴァーンが発案して縮小モデルを仕立て、1835年にアメリカ合衆国の発明家トーマス・ダヴェンポートがモーターで走る自動車の実働品を作ったのが嚆矢とされる。以来、蒸気機関のように大柄でなく容易に車載できるモーターは車輛の動力源として注目されるようになり、可搬性の鉛電池が実用化した1860年代には電気自動車は現実のものとなり、1880年代になるとフランスやイギリスで多種が作られるようになっていた。オーストリアではフランツ・クラヴォグルという先駆者もいた。電気技師フェルディナント・ポルシェは、それに続いたフォロワーでしかなかった。それが史実を追えば分かるのである。

だが、ミクステにおいてフルディナントは初めてエンジンという動力源を扱うことになり、その能力を認めて以降はそちらに軸足を移すことになる。我々が知る自動車技術者フェルディナント・ポルシェの歩みがそこから始まるのである。

□自動車設計へ

ローナー車が生産を終了したころ、ガソリンエンジンは既にV8までが実用化されていて、それを生んだフランス勢の提示したFRがデファクトスタンダード化していく。現代に繋がる自動車のコンフィギュレーションがあっという間に整ってしまっていたのだ。ガソリンエンジン車の未来は洋々。一方、欧州各国で雨後の竹の子のように現れた電気自動車は既に役割を終えようとしていたのだった。そんな20世紀への移行とともに、ポルシェに願ってもない話がやってきた。ダイムラーがオーストリアに設立した分社の技術主任になってほしいというのである。

自動車の祖のひとりゴットリープ・ダイムラーは1900年3月に世を去っていた。創設者を失ったダイムラー社はしかし、生産台数を引き上げるべく広大な工場用地を取得して攻勢に出る。このとき取得費用を貸しつけた銀行筋から監査役が乗り込んできて経営を掌握しようとした。その邪魔になったのが創業者の片腕――というより実際の開発仕事のほとんどを行っていた――ヴィルヘルム・マイバッハだった。目の上のタンコブに等しかったマイバッハを追い出すべく、銀行筋は技術部門に子飼いを引き入れた上で、ゴットリープの長男でこれも技術者だったパウルを抱き込むことにした。

その結果、居づらくなったマイバッハは退社して自らの自動車会社を興すことになる。事ここに至ってパウルの身分は微妙なものになってしまった。なにしろ技術部門の核になれるほどの技量は彼には未だない。おまけに彼の開発した商品は売れ行きが宜しくなかった。身の置き所がなくなったパウルは、イギリスに設立したダイムラーの子会社に技術主任として赴くのである。

ところが、英国ダイムラー（英語読みではデイムラー）は本社製のエンジンをライセンス生産するのみで、それ以外の要素は技術で既にドイツを軽々と追い抜いていたフランス由来のもので成り立っていて、パウルの出る幕などなかった。

そのためパウルは弾き飛ばされるようにオーストリアで設立されていた子会社に今度は赴いて、1902年から技術主任となったのだった。

ところが、大黒柱マイバッハが抜けたあとのダイムラー本体の技術部門はガタガタになっていた。そこで仕方なしにパウルを本社へ1905年に呼び戻すことになった。そのパウルの後釜としてオーストリア支社はフェルディナントに白羽の矢を立てたのであった。

このときのダイムラーの状況はこうだった。ダイムラー本社の製品は１８００年代一杯まで創業時のミド床下エンジン配置というレイアウトを踏襲したままであった。それを件のパウルが漸くフランス式のＦＲに切り替えていった。これに準じてアウストロ・ダイムラーの車輌もＦＲ化されていく。パウルは、本社時代に自らも開発に携わっていた35馬力直４を積むＦＲ車『メルセデス』の姉妹版とも言える30馬力の『マヤ』を主力商品に据え、また８馬力の小型車や史上初の装甲車を開発していたのだけれど、目立った業績アップには繋がっていなかった。

１９０５年秋、そこに齢30歳になったフェルディナント・ポルシェが乗り込んできたのである。彼は、まず手始めに『メルセデス』を下敷きにしたハイブリッド車を作った。

ベース車輌がＦＲだから、発電機として用いる直４はフロント配置である。だが、ポルシェ式の電気自動車はディファレンシャルをモーター駆動するのではなく、車輪内にモーターを仕込んで転動させる所謂インホイールモーター方式。だから駆動輪はどちらでもよかった。そして、このとき彼は前輪を駆動することにした。

史上初の本格的なＦＦ実働車は、『午前零時の自動車評論３』で記したように、同じくオーストリアのグレーフ・ウント・シュティフト車で、その設計チームを率いたのはヨーゼフ・カインツというこれもウィーン生まれのオーストリア人。ちなみに彼の助手を務めていたのは、かのハンス・レドヴィンカだった。

だが、こちらの原動機はド・ディオン・ブートン社から買って調達した単気筒で、その能力は3.5馬力と脆弱なものだった。ポルシェはヨーゼフ・カインツ――エンジンをファン強制空冷するシステムを創案したのも彼である――が世に問うたＦＷＤという斬新なコンフィギュレーションを、自身のハイブリッド車に取り込んだのである。

その傍ら、主力商品としてフェルディナントは『マヤ』に代わる直４ＦＲ車の開発に取り掛かった。電気自動車の時代は終焉が明らかだったから当然である。

こうして彼が完成させた車輛は『32ＨＰ』と呼ばれるモデルである。

その『32ＨＰ』は、ハインリヒ皇太子杯というベルリン＝ミュンヘン間のロードレースに出走する。レースでの勝利が、そのまま会社の技術力への評価に繋がった黎明期のこと、それは当然のことであった。そして『32HP』は首尾よく2位に入った。

だがフェルディナントはそれに満足しなかった。翌年の優勝を目指して、すぐさまマシンの改良に入った。エンジン馬力の目標は倍。いくら進歩の速い黎明期でも1年で出力2倍は大風呂敷である。しかし、彼には腹案があった。『32HP』のエンジンは古典的なサイドバルブ方式だった。技術史から言えば、次のステップは吸排気弁を気筒の上に持っていったOHVである。なのだが彼はこれをすっ飛ばして、一気にSOHCに進化させたのだ。

言い添えておけば、SOHCはポルシェの発明ではない。カムシャフトまで気筒の頭上に持っていくその動弁機構は、1889年にアメリカで、1904年にイギリスで発明の記録があるが、実働機では1906年のダイムラーである。これはマイバッハの置き土産で、のちにロールス・ロイスがそのSOHCエンジンを載せた車輌ごと強制収奪して設計を頂戴した逸話が残っている。

それはそれとして、この動弁系の革新の効果はすばらしく、60馬力を発生するサイドバルブ仕様の1200rpmから2100rpmにレブリミットは向上し、出力は95馬力を記録した。しかもエンジン排気量は6.9ℓから5.7ℓに縮小されていたから、排気量あたり出力は8.7馬力から17馬力に上がったことになる。彼は大風呂敷を見事に現実にしてみせたのだった。

□ドイツへ

フェルディナントが技術長としてダイムラーのオーストリア分社で腕を振るっていた時期の国の状況を確認しておく。

19世紀末から20世紀初頭にかけて、オーストリアはフェルディナントの出生地ボヘミアやハンガリーなどを擁して中欧圏を支配する大国であった。しかし1910年代を境にその運命は転換した。オーストロ＝ハンガリー帝国は、第一次世界大戦においてドイツ帝国やオスマン朝トルコなどと同盟を組んで英仏露を中心とする連合国と闘って敗れてしまうのだ。これは世界史を語るのが目的の文章ではないから詳しい経緯は省くが、その結果、長らく帝国を治めていたハプスブルク家の帝王はスイスに亡命し、これによって各地域が民族自決を旗印に決起することになる。フェルディナントの故郷であるボヘミアや、その隣のモラヴィアなどの地域はチェコスロバキアとして独立を果たす。セルビアやクロアチアやスロベニアはユーゴスラビアとして独立。かつてそれら地域を支配したオーストリア自身も、ハプスブルク家の皇帝カール1世が国事に関与しない立場に退いたことで共和制となり、混迷の時期を迎えていたのだった。

ダイムラーのオーストリア分社もまた、当然ながら斜陽となった国家と同じ運命を辿ることになった。第一次大戦中には世界初の4輪駆動装甲車を作るなど、軍需によって従業員数6000人を誇るまでに社は規模を拡大していたのだが、敗戦国ゆえ軍事機器の生産は禁じられ、といって民需に転換しようにも、経済が大混乱に陥ったために深刻なインフレが起きていて原材料の調達もままならなくなってしまったのだ。

そんな苦境の中で、フェルディナントは経営陣の求めに応じて4.4ℓ直6SOHCを積む高級車を開発するなど奮闘するのだが、そうした商品を求める裕福な顧客は疲弊した国内に僅かしかいなかった。といって輸出も、通貨の為替レートが低迷していたから多くを期待できるはずもなかった。

こういう状況でも、彼が手腕を発揮して後世に名を残した自動車はあった。ウィーンで映画プロデューサーとして知られていた男からの依頼で開発されたレーシングカーである。依頼者の仇名をとって『ザッシャ』と呼ばれるこの競技車輌は、1.1ℓ直4ＳＯＨＣを積む小型で軽量な2座車。今で言えばライトウエイトスポーツというところか。計4台が製造された『ザッシャ』は、１９２２年のタルガ・フローリオでクラス優勝を果たすなど多くの戦績を残して、車輌そのものと同時にフェルディナントの名も存在を業界に知らしめた。

ところが禍福は糾える縄の如し。この『ザッシャ』が彼の社内における立場を危うくさせる事態を生むのだ。

１９２２年にモンツァで開催されたグランプリにおいて、出場した『ザッシャ』のホイールが壊れてドライバーが死亡する事故が起きた。

レースにメカニカルトラブルは付き物である。安全性が不備だった昔は競技中の死亡事故は珍しくなかった。だが、もとより自身の才を頼んで頑固なところがあったがゆえに、しばしば彼と軋轢を生んでいた金勘定の事務屋たちが、ここぞとばかりに責はフェルディナントにあるとして譴責したのだ。

すると彼はこれに怒って辞意を表明。１９２３年を以て墺ダイムラーでの仕事は終わりを告げることになるのであった。

だが縄は再び捩れる。捨てる神あれば拾う神あり。本体のダイムラーから招かれたのである。技術責任者兼取締役という厚遇だった。

これを受けてフェルディナントは、ついに居をウィーン近郊のウィーナー・ノイシュタットにあった邸宅から、独ダイムラーの本拠シュトゥットガルトに移す。そして商品ラインナップの中核を成す高級乗用車群やグランプリ用レーシングカーを次々に設計していくことになる。その地位と仕事は、経営の危機を迎えていたダイムラー社が同じく低迷していたベンツ社と銀行筋の要請を受けて合併してダイムラー・ベンツ社となってからも、変わらずに続くことになった。

ちなみに、この合併に際して、技術開発リーダーとしての立場から彼は腹案を策定していた。新設計の直列6気筒を積む同じ構成で、大中小の3つのクラスの乗用車を作り分ける計画だ。

現代は衝突安全などの要件がややこしいし、開発も生産も合理化できるから、車体の基盤となるプラットフォームをまず作っておいて、そこからモデルバリエーションを展開する。しかし戦前だと自動車はエンジンこそが命で、車体は外注で済ますこともできた。リソースやタームが限られた中でフェルディナントは、合理的なモデル開発の方法論を打ち立ててみせたのだった。

この大中小3モデルは、百余年が経った現在でも使われるベンツの開発コード――Wagenの頭文字Wの後ろに数字を並べて表すそれ――の嚆矢となった。小さいほうからW01系、W02系、W03系と命名されたそれらに積む3種の排気量の直6ユニットも、M01からM03までのコードが振られて、今に続く出発点となった。

ところで、この中のW01、つまり1.4ℓ版の直6を短いシャシーに積んだモデルを、のちのフォルクスワーゲンの原点と見立てて、「ポルシェ博士は以前から小型実用車の開発に意欲を燃やしていた」等々と美しく記述する伝記が多いのだが、その実情は違っていたようだ。

それを明かすにはまず当時のダイムラー・ベンツあるいはドイツ自動車メーカーが置かれていた状況を説明しておく必要がある。

欧州の自動車は、その黎明において富裕層の新奇な遊び道具として普及が始まった。言ってみれば乗馬に使う馬の代わり、あるいは社交に用いる馬車の代わりである。ゆえに高性能化の追及とともに、見た目が豪華で居住性も安楽なものへの希求がテーマとなっていった。自動車の発明主を以て任じるダイムラーとベンツもまたそうだった。マイスター制度というドイツならではのものづくりの方法に沿う形で、手作りで丁寧にそういう車種を仕上げていくことが基本方針となっていた。

かたや海の向こうのアメリカ合衆国では事情が違った。ローマ帝国が覇権を握っていた2000年以上も前から徐々に近代的な交通インフラが構築されてきた欧州と違って、アメリカは未開の地が多くてしかも土地は広大。そのために乗りこなすのに訓練が要って維持も大金が掛かる馬と違って誰でも手軽に使える交通手段としての自動車が求められた。それゆえ1901年にオールズモービルによって『カーブドダッシュ』という廉価実用車の嚆矢が生まれ、そして１９０８年にフォードがＴ型という決定版を誕生させた。Ｔ型は発売５年後に年20万台近くという驚異の量産を達成していた。

そんな風に全く違ったコンセプトを持つアメリカ製の自動車が、第一次大戦をきっかけとして欧州に上陸してくる。大戦終盤になって参戦して渡欧したアメリカ軍は、同時にＴ型を筆頭とする廉い大量生産車を万台オーダーで持ち込んだのだった。

また、第一次大戦の敗戦と天文学的な額の賠償に苦しむドイツに対して、アメリカ合衆国は財政家チャールズ・ドーズを委員長とする特別委員会が策定した所謂ドーズ案で賠償の猶予や借款など救いの手を差し伸べる（最終的にドイツがアメリカに対する債務を完済するのはなんと２０１０年10月のことである）。その引き換えにアメリカは自国製品に付与される関税の大幅な引き下げを要求した。元々廉価だったＴ型などのアメリカ製大衆車は、関税障壁もぐんと低くなって、津波の如く一気にドイツ市場に押し寄せた。

これが欧州に廉価な大衆車の市場を切り拓くきっかけとなった。１９２０年代に入ると、ＧＭとフォードはドイツとイギリスに子会社を設立して現地生産に入る。大西洋を渡る輸送費がなくなるから、さらに売値は廉くなった。

しかも敗戦国ドイツでは猛烈なインフレが襲っていて彼我の価格差は圧倒的だった。例えばT型は同じような能力のエンジンを積むメルセデス車の半額だったのだ。となれば勝負は明らかで、1920年代の後半においてドイツにおける輸入車のシェアは40％を超えるのである。

この状況にダイムラー・ベンツは対応しなければならなかった。これまでの高級高性能車の路線でなく、大量生産で廉く売る商品をラインナップする方向への切り替え。それが市場トレンドへの唯一の対応策であり、また第一次大戦で膨らんだ生産体制を過剰設備としないための解決策だった。こういう課題を見据えて、フェルディナントは、まるで拡大コピーを使ったような設計でW01系とW02系とW03系を作り分け、開発も生産も効率化する案を立てたのだった。

それゆえ最も小さいW01系は、実用車の世界に革新をもたらす冒険的な設計ではなく、常道的なそれとなった。W01系は中大型車を縮小して簡素に仕立てた、単に廉いクルマだったのだ。

□自主独立そしてフォルクスワーゲン

相似化した設計で1.4ℓの小型車W01系と2ℓの中型車W02系と3ℓの大型車W03系を企画したフェルディナント。設計を拡大縮小して3種のクラスの乗用車を作り分けることが狙いだから、レイアウトは当然、皆FRである。そしてエンジンは全て直6である。確かにそれだと開発や生産は合理化できる。だが1.4ℓを得るのに直6では、あまりにも「鶏を割くに焉んぞ牛刀を用いんや」の故事そのままだ。

社の経営陣もそこに意を留め、コスト計算を報告させたところ、事前に立てた販売価格5000ライヒスマルクで月産1000台という計画案のままだと、純益は500ライヒスマルクに届かないという試算だった。これでは利が薄すぎる上に、そもそも値付けが上陸してきて脅威となっているアメリカ車のそれの倍近い。そこに鑑みて1928年10月の取締役会議で監査役はW01系を廃案と決めてしまうのである。

頭を捻って創りあげて実走試作車の段階まで進んでいた企画を潰されて、憤懣やるかたないフェルディナント。かたや経営陣は、この件以前から頑固な技術屋気質に手を焼いていた。そこで彼らはかねてよりフルディナントが希望していたアメリカ視察を好餌にして離独させ、そして帰国後は設計監修役に祭り上げてしまおうと画策する。現場から排除しようとしたのである。

それを知ってフェルディナントの堪忍袋の緒は切れた。ダイムラーを去ると宣言したのだ。

ダイムラーを離脱した彼には、すぐにアプローチがあった。当時オーストリア最大の自動車メーカーだったシュタイアである。

フェルディナントは1929年初からシュタイアで技術責任者として仕事を始めた。そして、短時間で直6を積む基幹モデル開発をするなど早速その手腕を発揮していった。

ところが、ウォール街の大暴落に端を発した世界不況がドイツにも及んで、シュタイアのメインバンクが倒産してしまった。これを引き取った先の大銀行がダイムラー・ベンツの大株主で、シュタイアを彼らの傘下に吸収する形での合併を決定してしまう。

飛び出した会社にまた頭を押さえつけられる。それは真っ平御免だ——。

事ここに至ってフェルディナントは自主独立を決めた。Dr. Ing. h.c. F. Porsche GmbH, Konstruktion und Beratung für Motoren und Fahrzeugbau（名誉工学博士F．ポルシェ有限会社エンジンおよび自動車製造における設計およびコンサルティング）を設立するのである。

拠点は故郷ボヘミアでなく、さらにはオーストリア国内でもなく、ドイツのシュトゥットガルトとした。ボッシュ等の大手サプライヤーも含めてドイツ自動車産業の基幹を構成する会社が集まる土地だったからだ。記述が混乱しているから書いておく。実際の発足は1929年秋。書類上のそれは30年12月1日で、登記は31年1月1日。フェルディナント55歳のときだった。

ついに一国一城の主となったフェルディナントのもとには、かつて見込んで仕事を叩き込んだ以前の職場での部下たちをはじめ多くの手練れが集まった。そして、ほどなく設計番号7番から始まる——最初に来た仕事の番号が1だとナメられると案じたからというのが定説だ——設計依頼をこなしていくことになる。そんな初期のクライアントはヴァンダラーやツェンダップやフェノメンやレーアなどドイツの中小メーカーが主だったが、遺された設計番号のリストをあたるとシトロエンやフィアットやボルボなど他国の大処の名も見える。

とはいえ、創設直後の社の仕事で最も重要なのは、ご存じフォルクスワーゲンだろう。

１９３３年１月に政権を奪取したアドルフ・ヒトラーは、翌２月のベルリン・モーターショーにおいて「ドイツには国民車が必要である」と高らかに宣言。そして、かねてよりその手腕を見込んでいたフェルディナントを召喚して、１０００ライヒスマルク以下で売る実用車の開発を依頼したのだった。

国民車すなわちフォルクスワーゲンは、以降、１９３４年１月に提出された初の図上案、35年秋の初の実走試作Ｖ３、１９３７年春の２次試作Ｗ30、同年末の量産１次試作型ＶＷ38、１９３８年10月の量産２次試作型ＶＷ39と段階を経ていった。

しかし生産開始を予定していた１９３９年10月を目前にポーランド侵攻が始まって計画そのものが棚上げになった。そしてヒトラーの前言は反故にされてキューベルワーゲンなど軍用の派生車種だけが作られることになる。そのあたりの経緯は内外のＶＷ研究書に詳しいので、ここでわざわざ行を割く愚を避けよう。それよりも明記しておかねばならないことがある。

バックボーン（背骨）フレームを主要材とするプラットフォーム式シャシー、RR、空冷水平対向4気筒、スイングアクスル形式のリアサス――。それらはフォルクスワーゲンを特徴づけ、また自動車技術上のエポックとされるものである。これを以て生みの親フェルディナントは天才だったとする書き物が世の中には溢れている。だが、それらはひとつとして彼の発明品ではないのだ。

まず、その多くがフェルディナントの故郷チェコに興った自動車メーカーであるタトラに負っていることは、自動車史に詳しい方ならご存じだろう。

19世紀に馬車工房として立ち上がったこのメーカーは、自動車づくりに乗り出す際に、ウィーンで工学を修めたハンス・レドヴィンカという若き俊英を得て地歩を固め、そして1920年代に入って革新的なメカニズムを内包する自動車を送り出す。それがタトラ（T）

11という小型乗用車である。

T11はバックボーン式フレームを主体構造としていた。しかも車体中央を縦貫するそのフレームの前端にはエンジンと一体化されたトランスミッションが、後端にはデフが、それぞれネジ留めされる構造だった。プロペラシャフトはバックボーンとなる鋼管の内側を通すのである。だから正確にはパワートレーン・フレーム式と言うべきだろう。そしてエンジンは1057cc空冷水平対向2気筒。前サスこそリジッドだったが、後サスはスイングアクスル式の独立懸架だった。

ハンス・レドヴィンカは、息子のエーリッヒと、そしてプラハ工科大学（現チェコ工科大学）を出たエーリッヒ・ユーベラッカーとともに、こうした革新設計をものにしたのだが、彼らは1931年にこれをさらに進化させる。同じくバックボーン式フレームと空冷水平対向2気筒を用いながら、今度はエンジンを後ろに置くRRとしたのだ。そしてボディ形状を甲虫のような流線型とした。31年に作られたその試作車V570は、エンジンを水平対向4気筒に置き換えて車体も大型化して、36年にT97として市販投入されることになる。T11からV570を経てT97へと到達したタトラの技術パッケージこそがフォルクスワーゲンの雛形であることは世界中の研究者が挙って認める史実である。

しかも個々の要素技術となるとタトラの発明ですらないのだ。

バックボーン式フレームは英国ローバー社が１９０４年に実用化している（しかもアルミ鋳造製だ）。

水平対向は、１８９６年に2気筒をダイムラーが、１９００年に4気筒をベンツが作っている。

そもそも黎明期のガソリンエンジンは勝手に冷えるのを期待する空冷だった。

トーションバーによる懸架は１９１９年にカナダ人技術者スティーヴン・コールマンが特許を取得している。

スイングアクスルは同じくウィーン生まれの技術者エドムント・ルンプラーが１９０３年に特許を取得している。

ルンプラーはまた変速機とデフを一体化してトランスアクスルと呼ばれる駆動系を実現した。それは彼が１９２１年に送り出したミドシップ乗用車に必要だったからだ。１８９１年にパナール・エ・ルヴァッソールがFR方式を発明して、以降はそれがデファクトスタンダード化していた。これに対してルンプラーは車体を上面視で涙滴型にすべく、邪魔なエンジンを車体の真ん中に置き直した。

このエンジン+トランスアクスルのセットを180度廻して後端に置き直せばRRとなることは自明。そしてRRは1924年にイタリアのサン・ジュストが市販化していた。クランク駆動ファンによる強制空冷の直4を積む。しかもRR車はバックボーン式フレームにリアサスはスイングアクスルだった。設計者はチェザーレ・ベルトラミ。言わばもうひとつのT11である。

ちなみに流線型ボディは、これまたウィーン生まれのパウル・ヤーライ博士が発案したものであり、タトラはその特許を買って適用していたのだった。

オーストリアや、かつてその帝国の版図に含まれていたチェコで、偶然にもフェルディナント・ポルシェやレドヴィンカやユーベラッカーやベルトラミやヤーライやルンプラーといった俊才が時を同じくして生まれた。

自動車技術者と呼べる頭脳がまだ世界に少なかったそのころ、彼らは互いに交流をしながら自動車の未来を模索していた。フェルディナントとレドヴィンカは文通をする仲であったという。タトラにしろフォルクスワーゲンにしろ、そんな中で互いに影響を与えつつ生まれてきたそれは、言うなれば集団の英知であった。

ここであらためて今まで述べてきたフェルディナント・ポルシェの作品を思い起こしてほしい。

史上初のハイブリッド車だと言われるローナー車を20代前半で創りあげたことを以て、彼の天才の証とする文章は世に多い。だが、実は機械工学史を遡ってみると、フェルディナント・ポルシェという技術者は、世界で革命的発明が続出したこの時代にそういう事績は何も残していなかったことが分かる。ローナー車もそうだった。モーターや電池などのように既に実用化されている機械仕掛けを適材適所で組み合わせて、目的に適った道具を作りあげたそれは自動車だった。言い換えればこうだ。彼はニコラウス・アウグスト・オットーやルドルフ・ディーゼルのようにエンジンの改良ばかりに人生賭けてのめり込んで遂にイノベーションに到達した技術者ではなかった。広く外の世界の技術の発達に目を見開いて、それを上手に利用して取りまとめるセンスこそが彼の最大の才能だった。

例えば、彼はのちに発電用エンジンをツインプラグ化するが、点火栓で霧化したガソリンに着火させることを思いつくのと、その点火栓を1本から2本に増やしたらと思いつくのでは天と地ほどの差がある。のちのアウトウニオンGPマシンで採用したミドシップも、彼が嚆矢ではない。

つまり――。フェルディナント・ポルシェは無から傑出した技術を創作したイノベーターではなかった。「向こう側」にきざはしを掛けてノーベル物理学賞を取るような技術者ではなかった。天才ではなかった。ただし天才が生み出した創造物のポテンシャルを見切る慧眼は確かにあった。それをどう活用すればいいかを察知できた。言うなれば才気煥発の技術者あるいは超秀才という形容が似合う人だった。フォルクスワーゲンは、その能力が見事に結実した最上の典型例だった。

□戦犯容疑

多くの人が知るように、フェルディナント・ポルシェはフォルクスワーゲンを皮切りに、アドルフ・ヒトラーの厚遇もあって様々な軍用車輌の設計を担当して、ナチス指導下のドイツにおける軍備に欠かせない重要人物となっていた。生産こそしなかったが軍産複合体の核心のところで仕事をしていたのである。だが、有名な戦車をはじめとする軍用機器のことはそちらを趣味とする方々はともかく、自動車を主題とする本を読んでくださる方々は関心が薄いだろうから、ここでは敢えて省く。また、同じくヒトラー指示のもと資金が国家から提供されて生まれたアウトウニオンのグランプリマシンのことも、何度か文章にしているから、ここでは触れずにおこう。よって視点は第二次世界大戦の後半期に跳躍する——。

1944年6月6日のノルマンディー上陸作戦を節目として、第二次世界大戦の帰趨は枢軸国から連合国側へとはっきりと傾いた。そうしてドイツが敗残していった中で、本稿の主人公フェルディナント・ポルシェはどうしていたのか。

かつてヘルマン・ゲーリングは「敵の爆弾がドイツ帝国の領土に一発でも落ちたら私は豚を

一匹平らげて見せる」と豪語したが、ノルマンディーに連合軍が上陸して以降、ドイツの各地はアメリカ軍の猛烈な空爆に晒されることになった。ダイムラー・ベンツと並んでポルシェも本拠を構えていたシュトゥットガルトも例外ではなかった。

この事態を憂慮して、最上位のテクノクラートとしてドイツ工業界を仕切っていた軍需大臣アルベルト・シュペーアは、ポルシェ一族の生まれ故郷ボヘミアへの疎開を提案した。ドイツの支配下にあって、しかし内陸部に位置していたその地域は連合軍の大規模な爆撃には晒されていなかったからだ。

だが、その案は最初から忌避された。フェルディナントをはじめポルシェ一族は国籍もドイツに移していた。ボヘミア人でありながらその地を去ってドイツ第三帝国の軍備に貢献しているフェルディナントやその眷属が、ナチスの圧政に苦しむボヘミアで人々からどんな扱いを受けるかは明白だった。

そこでフェルディナントは、連合軍の攻勢がさほど強くなかったオーストリアに設計事務所を移すことを考えた。そしてザルツブルク地域を管轄する軍政部に連絡を取り、候補地を挙げてもらった。軍政部は総統のお気に入りだった彼らに便宜を図るべく候補地を2カ所に絞って提案してくれた。ひとつは、ザルツブルクの中心にあってアルプスに連なる山々と湖に囲まれたツェル・アム・ゼー。ここにはポルシェ一族の別荘もあって、家族が先にそこに疎開していた。いまひとつは、オーストリア南辺のケルンテン州シュピッタール・アン・デア・ドラウ郡にあるグミュントという寒村。軍政部が提案してきた土地は、その村にあった木工工房の跡地だった。

フェルディナントは、より空襲の可能性が少ない後者を選んだ。ただしグミュントに移したのは生産施設だけで、ヘッドクオーターはシュトゥットガルトに置いたまま。また資材はツェル・アム・ゼーの飛行場倉庫に保管することにした。リスクを分散したわけである。

だが、1945年に入るとドイツの敗色は濃厚となった。これを見てフェルディナントは、1月のうちに国家関連業務から離れて引退を決意する。そしてグミュントに買ってあった東屋に居を移して引退同然に暮らすようになった。

言い添えておけば、オーストリアには北東のニーダーエステライヒ州の北縁にもグミュントという名の土地がある。そのすぐ北のチェコとの国境を越えれば彼の故郷ボヘミアである。さらにはドイツにもグミュントという名の街がある。こちらはシュトゥットガルトと同じバーデン＝ヴュルテンベルク州で、シュヴェービッシュ（かつての民族移動時にバーデン＝ヴュルテンベルクの南東部に移住した民族を指す）・グミュントと呼称される。こうして関連事項があるせいか、自動車メディアはしばしば3つを混同する。ケルンテン州シュピッタール・アン・デア・ドラウ郡のグミュントであると明確に指摘していたのは、知る限り自動車史研究家にして小説家の高齋正さんだけである。

話を戻そう。1945年6月にドイツ第三帝国は崩壊した。

崩壊を予期していたフェルディナントは、そのときツェル・アム・ゼーの別荘に移っていた。シュトゥットガルトにいて采配を任されていた長子フェリーも、ウォルフスブルクのVW工場にいた顧問弁護士アントン・ピエヒ——のちのVW総帥フェルディナント・ピエヒの父である——も来ていて、一族がそこに集結していた。

ドイツは分割占領していた4カ国の分割統治となった。オーストリアは米軍と英軍が治めることになった。ツェル・アム・ゼーは米軍の支配下に置かれ、グミュントは英軍だった。またシュトゥットガルトのツッフェンハウゼン工場は、初めフランス軍に接収され、すぐにアメリカ軍がそれに取って代わった。

戦車からフォルクスワーゲンに至るまでの設計主務者として世界的に名が知られていたフェルディナントは、当然ながら米軍から重要人物と目された。米軍はフランスやソ連の調査が先に入ることを畏れて、ツェル・アム・ゼーに歩哨が立つことになった。フェリーの自伝によれば、彼らはきわめて紳士的で、行動に制約は加えられなかったという。

その自由を利して1945年7月末にフェルディナントはグミュントに出掛けた。このとき、ツェル・アム・ゼーにいた長子フェリー以下の一族が殺人の容疑でアメリカ軍のMPに拘束されてしまった。そしてフェリーたちは留置所で過ごすことになったのだが、6週間目にアメリカ軍の情報将校や技術将校が拘束を聞きつけてやってきた。同じころ、グミュントにはイギリス軍の情報将校がやってきてフェルディナントを拘束した。

フェリーたちの容疑は濡れ衣であることが判明したのだが直ちに釈放はされなかった。尋問で時間が割かれたのはナチとの関わりだった。父フェルディナントの拘束もそれが焦点だった。つまりは戦犯容疑である。

『午前零時の自動車評論』で何度も記しているように、フェルディナントがSS（親衛隊）に入隊した記録が、隊員番号こそ空白のままながら、公式の書類として残されている。だが「それはヒムラーがこちらの知らぬ間に勝手に書類を作成しただけのことで、隊員番号もだからないのだ」と言い逃れて事なきを得た。そしてグミュントでフェルディナントを拘束した英軍は、ニュルンベルク裁判において訴追しないとの結論を出した。この裁判ではマルティン・ボルマンら生き残ったナチの大物24名が主要戦犯として訴追されたのだが、その中にはヒトラーに寵愛されて総統官邸などを設計して軍需大臣にまで登りつめていた建築家アルベルト・シュペーアも含まれていた。閣僚にはならなかったものの、同じようにヒトラーに寵愛されて、国家事業フォルクスワーゲン計画を立案推進し、また戦車など軍事車輌も開発していたフェルディナントが、戦犯として加えられる可能性も皆無ではなかったのだ。しかし、フェルディナントは見逃されて釈放された。自由の身になった彼はイギリス当局を通じてアメリカ軍と掛け合って、ツェル・アム・ゼーで留置されていたフェリーたちの釈放も勝ち取った。

以上の経緯は、フェリーの自伝『Cars are my life』の記述をもとにしているが、その自伝でフェリーは父フェルディナントの放免にはイギリス軍上層部からの何らかの力が働いたことを臭わせている。ここで思い起こさねばならないのは、ウォルフスブルクのフォルクスワーゲン工場での動きである。1945年夏にアイヴァン・ハーストという英軍の少佐が派遣されてきて、その管理者になっている。ご存じのようにこの少佐がVW再建を具申して、復活の立役者になる。この時間的な附合の裏に何かの絵図が透けて見えるような気がする。

一方で、アメリカ側はポルシェ一族に対して戦争犯罪者としての厳しい追及をせずに済ませた。そもそも初めから戦犯として訴追する目的は持っていなかったのだろう。極東裁判でもアメリカは戦争遂行を推進した軍政の関係者に戦犯を絞っている。アメリカの真の狙いはV2ロケットを設計したヴェルナー・フォン・ブラウンのように自国が利用できる先端技術の持ち主を調査しリクルートすることだった。

そんなわけで、尋問聴取が終わるとフェルディナントは解放され、グミュントに戻ることを許された。そして彼はその寒村の住まいで、農業用トラクターの設計を始めた。戦火に疲弊したヨーロッパの復興に、まず何より必要なのは農作物を収穫するためのトラクターだという点では、フェルッチオ・ランボルギーニもフェルディナント・ポルシェも見解は一致していたのだ。

ところが11月になると、今度はフランスの将校がツェル・アム・ゼーにやってきた。フランス占領区となっていたバーデン＝ヴュルテンベルク州西部のバーデン＝バーデンまで同行願いたいとフェルディナントに要請するためだった。

だが、たまさか彼は留守だった。そこで父の片腕として設計事務所を切り回していた長子フェリーが応対することになった。

翌日フェリーはバーデン＝バーデンまで赴き、メッフルという大佐や数名の文官と面談をした。彼らが言うには、フランス産業省は戦後復興の決め手のひとつとして人民のための自動車を作ろうとしており、その人民車の設計監修をフェルディナントにやってほしいのだと。

戻ったフェリーから話を聞いたフェルディナントは、技術を駆使した大衆車をまた手掛けられると喜んだ。そして密かに保管してあったフォルクスワーゲンの設計資料を携えて、フェリーをお供に、また設計事務所設立時の共同出資者にして法律顧問のアントン・ピエヒ弁護士も同行させて、週明けにおっとり刀でバーデン＝バーデンに乗り込んだ。

週日を費やしてフランス産業省の担当者との討議も恙なく運んだ。契約の草案もまとまり、あとはパリの指示を待って月曜に調印するだけとなった。

ところが前晩に保安警察が乗り込んできて突然3名を逮捕して拘束した。

これは共産党系議員たちの差し金であった。マルセル・ポール産業省大臣はきちんとフェルディナントと契約する腹づもりだったのだが、手続き上、これを議会の委員会で検討してオーソライズする運びとなった。ところが、その委員会のメンバーに共産系の尖峰が何名もいたのだ。独ソ戦は共産主義とファシズムとの戦いでもあった。ナチスの戦争遂行を助力したフェルディナントは、共産主義の心酔者たちにとっては戦争犯罪人以外の何物でもなかった。だから共産系の委員たちはドイツ占領下においてプジョー社で起きた事件を掘り起こした。

そのときプジョーはフェルディナントが設計した戦車の転換生産を行っていた。彼自らも生産管理のために毎月のようにパリに赴いていた。ところが工員に紛れ込んだレジスタンスがサボタージュを扇動。これに激怒したゲシュタポがプジョーの3名の責任者を逮捕して収容所に送り、その3名とも獄死した。この事件の責任を、ドイツから来て転換生産を監督していたフェルディナントに被せようとしたのだ。実は、このときフェルディナントはゲシュタポに掛け合って社長ジャン・ピエール・プジョーの助命を果たしている。だが、フェルディナントはそのことを弁護の材料に利用しようとしなかった。

フェリーは、この事件にはさらなる背景があったと自伝で書いている。フランス自動車業界の首脳たちによる妨害工作だったというのだ。その設計者自身が開発したフランス版フォルクスワーゲンなぞが誕生しようものなら、自分たちが戦後のビジネスの出発点とすべく企画開発中の実用車に勝ち目はないと案じて、糸を引いたのだとフェリーは書いている。

だが、ウォルフスブルク工場を管理する英軍や、ポルシェ設計事務所のナンバー2だったカール・ラーベが、フォルクスワーゲンの生産に関する書類をフランス側に引き渡すのを拒んだりの紆余曲折があったのち、プジョー転換生産についての疑義もフランス政権内で左派が失脚するとともにうやむやの裡に勢いを減じ、まず46年3月にフェリーが監視下ではありながら留置所から出ることが許された。しかし、フェルディナントのほうは持病の胆嚢炎を悪化させてバーデン＝バーデンの病院に入院した状態で、にもかかわらず拘束下の状態が続いていた。フェリーは、フォルクスワーゲン関連の伝手を辿って英軍にも働き掛けたが捗々しく行かなかった。

そうこうするうちに、フランス側で動きがあった。フランス版フォルクスワーゲン案を推す勢力が、自国の自動車業界の圧力に負けたのだろう。フェルディナントに別の仕事が提示された。ルノー4CVの設計監修である。

フランスは、第二次大戦後の経済復興策として、電気や水道などインフラ関連をはじめとする基幹産業を選りすぐった国営企業に集約する案を立てており、そのひとつとなる自動車産業ではルノーを国営化してこれに当てることになった。そのルノーは、既に1940年の時点から国民車の企画を立ち上げていた。競合するシトロエンが開発中だった2CVに対抗するためである。その企画立案者は研究部門の長フェルナン・ピカール。だが彼の設計のアイデアの源泉は、そもそもがフォルクスワーゲンだった。エンジンは空冷水平対向4気筒でなく自製の水冷直4だったが、RRで4座というパッケージも、応力をフロアパンに主担させる車体構造も、スイングアクスル形式のリアサスも、みなフォルクスワーゲンに倣ったものだった。

のちに4CVとして市販投入されるこの実用車は、42年に初号試作が完成して、44年に漸く2号試作に移行したところだった。それでもテスト段階で山積する問題に突き当たり、設計の細部はまだ煮詰まっていなかった。ならば元祖の生みの親じきじきに設計を監修してもらえばいい。そこがルノーの思惑だった。

こういう事態の変化に基づいて、フェルディナントは1946年5月3日にパリへ移送され、ルイ・ルノーの別荘の門番小屋に幽閉されて、ルノー4CVの設計監修を強いられることになった。ちなみに、ルイはルノーの創設者である。第二次大戦中ドイツの占領下にあった北フランスにおいてルノーの工場は接収されてダイムラーの製品の転換生産をしていたのだが、連合国がフランスを解放したのち、そのことをドイツへの戦争協力だと決めつけられ、社長のルイは戦争犯罪人として刑務所に収監された。そして刑務所内で虐待に遭って僅か1カ月で死亡。こうして主がいなくなった屋敷の片隅にフェルディナントは押し込められたのだった。

こうして70歳を超えていたフェルディナントの拘束は、アントン・ピエヒともども、1947年の8月まで続くことになった。かたや長子フェリーはプジョーの件の無罪が漸く証明されて46年7月に釈放されていた。自由の身になったフェリーは、グミュントに戻って金を掻き集め、これを保釈金として支払って、フェルディナントの解放が実現したのだった。

□晩年

ここで、しばし長子フェリーのほうに視点を移してみよう。

フェリーは、父フェルディナントがルイ・ルノー邸の門番小屋に幽閉される2カ月前の1946年3月に釈放されていた。その時点ではバーデン＝バーデン市を出ることは禁じられて厳重な監視つきだったが、7月になって漸く許可が下りてフェリーはオーストリアはグミュントの自宅に戻る。

そこではフェリーの姉ルイーゼが気丈に切り盛りする中、ポルシェ設計事務所で技術主任を務めていたカール・ラーベが指揮をして、100人余りの工員とともに農業用トラクターの製作や軍用フォルクスワーゲンの修理を主として業務を細々と再開していた。これを見てフェリーは同年末にザルツブルクの法務局に、つまりオーストリアにPorsche Konstruktion GesmbHという有限会社を登記する。大戦の主役だったドイツより、ドイツに併合を強いられたオーストリアのほうが戦後の活動への制約が緩いだろうとの判断だった。

こうしてフェリーは戻ったけれど御大フェルディナントは不在のままポルシェ社は再び立ち上がった。何とも心細いリスタートであるが、実はポルシェ社はそのとき重要なプロジェクトを進めていた。

それは知己のルドルフ・フルシュカとカルロ・アバルトが持ってきた吉報で始まった。

フルシュカは1915年にウィーンで生まれてウィーン工科大学に学んだチェコ系の技術者。38年から終戦まではポルシェでフォルクスワーゲンや戦車の開発に従事していた。ところが45年1月にベルリン陥落の直前にイタリアへ出張していて、そのまま出国できなくなり、仕方なくオーストリアとの国境すぐ傍の温泉保養地メラーノに根城を構えた。

ちなみにフルシュカは、その後もイタリアに在留したままで技術者として働くことになる。50年代前半は航空宇宙産業のフィンメカニカに在籍しながら、アルファロメオの求めに応じて彼らの戦後初モデル1900の開発に携わり、50年代後半にはアルファ技術主任オラツィオ・サッタ・プリーガの元に参じて初代ジュリエッタの開発に携わる。60年代はフィアットに移って、124や128の開発陣の一員となり、67年からは再びアルファロメオで乾坤一擲のFWD実用車アルファスッドの開発責任者を務めた。このとき人的リソースの不足に悩んだフルシュカは、エンジン開発やシャシー実験を古巣ポルシェに委託している。

話を1940年代に戻そう。

イタリアの北東の端に居を構えたフルシュカのもとにカルロ・アバルトが合流してきた。のちにサソリの紋章を掲げて稀代のチューナーとして名を上げる彼もまたウィーン生まれで、親から与えられた名はカールである。長じて2輪のレースやダートトラ競技で名を馳せることになった彼は、実はユダヤの家系の人であり、それゆえナチのユダヤ排斥の魔手がドイツに併合されたオーストリアにも及ぶと、生国を出てイタリアに移住することにしたのだった。そのアバルトは妻に前出アントン・ピエヒ弁護士の秘書を娶っていた。そんな関係でアバルトはポルシェの関係者とも親しく、そのひとりフルシュカを頼ってメラーノにやってきたのだった。

そのアバルトが持っていた欧州レース界とのネットワークを通じて、ピエロ・ドゥジオというイタリアの実業家が競技車輛の設計を依頼する先を探しているという話が飛び込んできた。

ドゥジオは油布や制服を軍に納入するなど繊維業でのし上がった実業家だった。サッカー選手だった若き日々にはユベントスに在籍したこともあり、その縁で47年にジョヴァンニ・アニェッリに座を譲るまで、トリノを本拠とするそのチームの会長まで務めていた。また彼は自動車競技にも熱心だった。ミッレミリアには29年から中止になる38年まで参戦。グランプリにも出場して36年イタリアGPでは6位入賞している。

そんなドゥジオだったから、連合軍がローマやフィレンツェを陥落させた44年の夏には、早くもレーシングコンストラクターを立ち上げ、さらにはフィアットの大物設計者ダンテ・ジアコーサに競技マシンの設計を依頼していた。翌45年5月にイタリアが無条件降伏したのを見届けたジアコーサは、同僚のジョヴァンニ・サヴォヌッツィを引き込んで年末に設計に着手。

フィアットの大衆車ヒット作1100バリッラの直4OHVユニットなど主要コンポーネンツを使って、単座フォーミュラのティーポ201と2座スポーツのティーポ202を46年に完成させた。しかしドゥジオの野望はそこに止まらず、これと並行して彼は頂上のグランプリ制覇を目指してマシン製作を企図。その設計を依頼する先を探していたのだった。

この話を聞いたポルシェ社は待ってましたとばかりに受諾。46年1月には、早くもチシタリアの名でチームを立ち上げたドゥジオのGPマシンの設計にカール・ラーベが着手することになる。正式な契約も月明けの2月2日に結ばれた。かつての構成メンバーは散り散りになってマンパワー不足だったから、アウトウニオンGPマシン開発のときに一緒に仕事をしたドレスデン工科大学教授ロベルト・エベラン・フォン・エーベルホルストに助っ人を頼むことになった。

ドゥジオの依頼は、グランプリマシンのみならず、スポーツカーレース用の2座マシン、そしてトラクター(これに加えて発電用の水力タービンまでが含まれていたという)。社はそれぞれに社内開発コードとしてタイプ360、370、323が振られて仕事が始まった。

370は空冷フラットシックスをミドに積むレイアウト。そして360も同じくミドだが、エンジンは180度V12で、しかも4WDであった。

ところが、どれも日の目を見ることはなかった。タイプ360の試作が完成した47年にチシタリアは運転資金が滞る。ドゥジオはアルゼンチンに脱出。当然レース計画は雲散霧消だ。この世に遺されたのは2台のタイプ360の試作車と、370の図面のみという結末になったのである。

とはいえチシタリアから得た契約金はポルシェにとって天恵となった。それを保釈金としてフェルディナントをフランスから身請けできることになったのだから。

フェリーはのちに語っている。

「私が置かれた状況は深刻だった。全決定権が私に委ねられていたのだから」

チシタリアからの設計依頼を機に、ポルシェ社の再建は軌道に乗り始め、46年7月にグミュントに戻ったフェリーが社を統率していくことになる。以降、御大フェルディナントは隠居という立場に身を引くことになって、逝去の51年1月30日まで静かに日々を送ることになる。

終戦後から50年代にかけて、枢軸国では戦争への反省と、戦争を推進した側への呪詛の声がひとしきり高くなっていた。例えば零戦の設計主務者の堀越二郎は、今やアニメの題材にもなって偉人として讃えられているが、あのころは若者たちをあたら死に追いやった責任者のひとりとして謗られることも多く、世間に顔を出さずに引きこもる日々も多かったという。

それと同じように、戦犯としての訴追は免れたものの、フェルディナントは世間とは距離を置いて過ごす選択を余儀なくされたのだろう。

こうしてポルシェは息子が率いる戦後に移行した。長子フェリーの第2幕ポルシェ伝は、またあらためて――。


（FMO 2017年7月18日号～12月5日号）

日本武尊の東征路をシトロエンC3で走る

シトロエンC3が3日ほどヤサ逗留することになった。もちろん試乗をするためである。だが、しばし考えた。

2016年の夏に本国でデビューした3代目C3は、3代目にもかかわらず初代や2代目と同じPF1プラットフォームを用いる。つまり10年選手の車台である。もちろん、そのあいだに、更新された衝突安全基準を受けての改良はあってそのままの旧態ではないのだけれど、概要は頭に入っている。今さら箱根でシゴいて操縦性がどうとか容量がどうとか言っても、あまり面白くはない。おまけに日本に正規導入されているC3のパワーソースは1.2ℓ直3の所謂ダウンサイズ過給ユニットだ。小排気量のダウンサイズ過給ユニットは低回転域にターボの作動領域を寄せているから、初めは元気がいいけれど、それに勢いづいて本気で踏むと尻すぼみに終わる。言ってみりゃ、飲み屋の中で啖呵を切っているときは威勢がいいけど、いざ表へ出ろという段になると、急に萎れてしまうダサい野郎みたいなエンジンである。んなエンジンを今さらぎりぎりと扱き上げるのも大人げない。

そこで、C3の生まれ故郷であるヨーロッパ式のロングランをしてみることにした。ヨーロッパ流といっても、未だに直線番長どもが目を吊り上げて超高速バトルを演じているドイツ人流ではない。フランスだのイタリアだののほうだ。目標は往復1000㎞。といっても、近頃の評論家先生がお好みになる燃費ばかり気にするトロトロ走りでは皆さんも納得しないだろうし、何よりおれがストレスで発狂してしまう。ロングランのコツは無闇に飛ばさず疲れを最小限に止めつつ平均ペースを上げていくこと。日本の高速道路の状況に沿いつつ、そちらの走らせかたをするのだ。

じゃあどこへ行こう。となって思い出したのが以前に書いた我が国の道の歴史の記事だった。その記事で日本武尊の東征路のことを書いた。そうだ。それを東から逆行してみよう。

ヤマトタケルは東国に来て、茨城から宮城まで北上して、そこから群馬山梨を経て飛騨まで行ってから岐阜経由で凱旋しているようだが、それだと1000㎞どころの騒ぎでは済まないし、2泊3日でもしないと加齢で劣化したこちらの身体がもたないから、端折って我が住処の東京を出発して西へ向かうコースに短縮編集した。となると残る問題は関西のどこへ行くかである。ヤマトタケルの東征伝は、大和王権が東に版図を広げていくプロセスを『古事記』

が国家創成のファンタジーに書き換えたものであり、それによると軍旅を命じたのは景行天皇。第12代の景行は実在性が怪しまれている天皇だが、計算すると在位期間は紀元後70年から130年くらいらしい。そのときに現在のヤマト王権が確立していたとは考えにくい。あったとしても畿内と九州などの群雄による連合政権だ。

もちろん九州まで行く気はない。畿内のほうだ。畿内といっても、大阪や京都や滋賀など、様々なところに古代の都はあった。大阪ならダチもいるしと思ったのだが、吉ッさんもサガちゃんも、クルマに乗っていないときは真っ当かつ立派な社会人であり、平日に遊んではくれないだろう。京都はインバウンドの外国人がひしめいている。そうだ奈良へ行こう。奈良は一見の余所者が観光しにくいから京都よりずっと空いているはずだし、古代日本の雰囲気が残存している。

というわけで行き先は決まった。中京地区までの道程は本来なら東山道を通らねばいけないのだが、中央高速ではなく第二東名を使うことにした。名古屋の手前から伊勢湾岸道に出て、志摩から山越えで紀伊半島を横切って奈良に出るコースである。これならちょうど往復1000㎞くらいになるだろう——。

時は流れて出発当日。夕飯時に奈良へ着くつもりだから昼前に東京を出ればいい。天気は快晴。予報によれば明日も続くらしい。これは、おれとしては通常のことである。

走り出す前にシトロエンC3をあらためて眺めてみる。

プジョー・シトロエンの日本法人が正規導入しているC3は、今のところ1.2ℓ直3ターボのみで、特色の限定車を除けば、グレードは加飾の差で2種のみ。そのうちこれはSHINEという上級のほうだ。

ボディ塗色はホワイト。しかし、SHINEだと屋根は別色になって、ホワイトボディの場合は鮮やかな真っ赤に塗られる。フロントのドライビングランプまわりのガーニッシュや側面の黒い帯部分にも赤の挿し色が入る。このポップな塗り分けを見て、前日に遊びに来た30代女子は「スニーカーみたい」と宣った。なかなか言い得て妙である。おれはBMWミニの内外装を文化祭の模擬店みたいな喧騒の賑々しさに思えて腰を退くおっさんであるが、C3のこの艶姿なら何とか許容できる。歳に似合わぬ今風スニーカーを戯れに履いてみてしまったくらいの感覚で受け流せるのだ。このへんの勘所はフランス人なかなか巧い。日本車には……まあ無理だろうなあ。日本でカジュアルお洒落というと、なぜかヤンキー的センスが混じってしまうから。

Ｂセグメントのハッチバックが運動靴に見えるいまひとつの理由は、ボンネットが高いことだ。Ｃ３は00年代に流行した所謂ワンモーションのフォルムを採らず、高い位置に平らなボンネットを置いて、ミニＳＵＶ式のプロポーションとした。実は３代目Ｃ３の全高は、1.5ｍ台の中盤だった先代や初代に対して、ぎりぎり1.4ｍ台に収めてある。なのにフロント部分がマッシブに見えるので、分厚い体躯のＳＵＶ風に錯視してしまうのだ。これに側面の黒い樹脂製の太帯状アクセントが効いて、厚底スニーカーを想起させるわけである。

21世紀の欧州Ｂセグメントの潮流はＢＭＷミニが作ったと言っていい。21世紀に入って、ＡセグメントやＢセグメントは、旧東欧圏やそこからの移民層を対象とする廉価な実用車という方向性と、先進国向けのプレミアム性を担保したそれに二分したのだが、後者の嚆矢となったのがＢＭＷが再生させたミニであった。そして新ミニのヒットを見て各社が追従し、先進国向けＢセグメントはデザインのお祭り騒ぎと化した。要するに、小さいクルマは欲しいが貧乏臭えのは嫌だというのが先進国のＢセグメント顧客の総意だから、いかにショボく見えなくするかに血道を上げたわけだ。その結果、ＳＵＶ風のＢセグメント派生車が頻出することになった。

日本でも事情は同じだった。廉価な小型実用車のユーザーが軽自動車に流れた00年代終盤の状況を受けて、国産Ｂセグメントは新興国向けの方向に舵が切られた。マーチやミラージュが典型である。そして、マッシブに賑々しい日産ジュークや、ＳＵＶ風に装ったマツダＣＸ－３がスマッシュヒットした。クルマの体躯や機能としてはＢセグメントがちょうどいいけれど、軽みたいに見えて貧乏臭いのは嫌だという層がそれらに飛びついたのである。

そういうＢセグメントの商圏の変化に鑑みて、ＰＳＡはまずシトロエンＤＳブランドからＤＳ３を送り出し、さらに本家シトロエン部門のＣ３をこんな風に運動靴化した。ＶＷやマツダのように安直にＳＵＶを狙わなかったのは、アメリカの田舎者が乗るトラックの真似なんざするもんかというフランス人の意地であろう。そして、その意地の着地先は、まずまず成功していると思う。

次にドアを開けて運転席に座ってインテリアを眺める。

ダッシュは上面が平らで、乗員に正対する側も平坦な帯状の面を基本としたシンプルなT字型の造形。運動靴風エクステリアに対して納得できる組み合わせだ。やたらとグネグネとうねらせて複雑な面を組み合わせた挙句、投入コストの制約から安普請感が浮き出てしまうという現代Bセグメントの罠に嵌まっていないあたり悧巧である。

ただし、上級グレードSHINEゆえの問題がそこには鎮座していた。右記したT字型ダッシュの横帯面には、それをぐるりと取り囲むように、別素材の加飾が施される。その加飾が、白ボディの場合はルーフ色に合わせて鮮紅になるのだ。

プジョー208GTiのメーターに施された赤色LEDの加飾を童貞のAVと悪罵したおれとしては、運転席からの視界に警告色たる赤を割り込ませるこのC3内装デザイナーの行いを看過することはできない。とはいえ、自ら発光して目を射るLEDとは違って、こちらは暗くなれば目立たない。また、屋根と挿し色が鮮紅になるのはボディが白色の場合のみで、他は抑えた色になるようだから、その選択を避ければ済むことでもある。全モデルの内装を場末のスナック風に照らそうとしているベンツに比べれば、お戯れの罪は軽いから、ここは見なかったことにしておこう。

さてＰＳＡの内装といえばあれである。右ハンドル仕様における運転環境の混濁だ。今回は高負荷でシゴいたりはしない（はずだ多分）のロングツーリング試乗だとはいえ、長距離長時間だからこそ、そこは忽せにはできない。一応、常携の七つ道具は鞄に収めてあるので、それを取り出して計測なんぞをしてみる。すると、運転席座面のセンターに対してステアリング軸は左に５㎜ほど僅かにオフセット。そのステア軸の少し右にブレーキペダルがあった。間違いなく偏位は存在するけれど、ＰＳＡの右ハンにしては軽微である。同じＰＦ１プラットフォームでも、２０８やＤＳ３ではもっと明白だった記憶があるのだが……。

と評価を甘くしようと思ったのだが、他に右ハンドルの混濁があった。

ＳＨＩＮＥというグレードは上級ではあるが、そこはプレミアム価格を張り出せないＢセグメントゆえか、シートの座面高調整は手動で、かつ前後が一緒に上下する方式だ。そのリフターは座面後端ばかり盛大に持ち上がる国産勢とは違い、前後が平行気味に動いてくれる。ところが、座面の後傾角は強い。その強い後傾角のまま平行に持ち上がるので、高く持ち上げてアップライトな姿勢を採ろうとすると、座面前端が腿を強く圧迫してしまうのである。また、そういう背中を起こした姿勢だとヘッドレストが後頭部に触れる。ということは、トルソアングルを倒し気味にしろと設計が主張しているのだ。

つまりC3は、低めに座って背中を寝かせ気味に座る体勢をデフォルトとして設計されているわけだ。ランバーサポートもそのほうが適切に機能した。

ところが、そうやって座ると、ステアリングリムが遠くなる。ならばとコラム下を探ってレバーを引いてみたら、なんとチルトはたった25㎜。テレスコは存在したけれど既に目一杯に延ばされていた。それでもちょっとだけ遠い。仕方なくチルトを最も下げた位置にすると、リム上方を何とか握れるくらいにはなった。ただし、その状態ではメーターの上3分の1がリムに隠れてしまう。あれこれ試してみたのだけれど、運転姿勢とメーター視認性の辻褄はどうやってもしっくりいかなかった。左ハンドル仕様であれば、着座位置がこれより前進することは確かだから、それなら何とかなるのだろう。

そういうわけで、PSA右ハン問題は軽微ではあるが存在するのであった。また、低めに座って背中を寝かせる運転姿勢は、目の前のけっこうな存在感を備えたボンネットから想起されるSUV風のイメージとは食い違う。物理的なディメンションの点では、C3は普通のBセグメントハッチバックなのだけれど、運転席からの視角ではそう思えないから脳内に位相ズレが起きる。不思議なものだ。そういうわけで3代目C3は、声を荒げて糾弾する領域に逸脱しているわけではないが、微妙に収まりが宜しくない運転環境である。

いきなり普段の厳めしい検分モードに突進してしまった。いかんいかんと思って、気分を入れ替えて発進した。

住処から首都高の入り口は直ぐだ。だが、今回は高速走行が大半になるから、その前に下道を少し長く走っておくことにした。

すると……操舵感が何かおかしい。

30㎞／hくらいで住宅地の細道を流していると、ステアリングがスカスカに軽い。EPS（電動アシスト操舵系）にありがちな中立付近への抑え込みが全く感じられないのだ。東京の裏道は意外に路面が宜しくないので、低速にもかかわらず上屋はけっこう揺れる。その小さな揺れで上体が動いて腕まで振られるから、ここまで軽い保舵力だと勝手に微舵が当たってしまう。

同じＰＦ１プラットフォームの２０８ではこうじゃなかったと思い出し、いくら何でも変だと気がついてタイヤ内圧を疑った。

見つけたガソリンスタンドで、給油しなくて御免と詫びつつ蓄圧つきゲージを借りて測ってみる。やはり内圧が0.2bar も高かった。試乗会でこれでは困るのだが、このＣ３試乗車はバックヤードに保管してあった個体のようだから仕方ない。長く置いておくときはタイヤが接地面だけ潰れないように内圧を高めに入れておくのが正しい処方なのだ。その内圧を前2.4bar／後2.2bar の規定値に戻す。ちなみにこの数字は携帯している自分の内圧計で確認した。スタンドの計器は0.2bar も過少表示だった。過少表示であれば、多めに入ってしまうから、内圧が低くなってしまうことはないとはいえ、これでは困る。皆さんもガソリンスタンドの空気圧計は頭から信じないように。携帯用の小さな内圧計は数千円も出せば買える。健やかな自動車生活を送りたければ常備しておくことをお勧めします。

というわけで、タイヤ内圧を規定値に合わせたら、ステアリングに手応えが出てきた。先ほどまでは、手応えがないのに前輪のコーナリングパワーが立ち上がってしまって難儀した。今は手応えとCPの立ち上がりが一致している。

とはいえ、それでもこのEPSの設定は、かなり軽めに設えてある。フロントが敏感すぎるきらいがある。自分の操舵と検知の分解能を上げて試したら、その軽いステアリングの微舵領域でも、繊細にリムを扱ってやれば、それなりに前輪の反応はリニアだということが分かった。ということは、これは多分タイヤサイズ選択の所為だろう。

日本仕様C3は、この上位グレードSHINEも、下位グレードFEELも205／55R16を履く（ホイールはFEELが鉄チンに格下げされる）。予習したところだと、欧州仕様は185／65R15もしくは195／65R15がデフォルト設定だ。それに対して日本仕様は、業界お馴染みのコスメティック優先で、おそらくオプション設定であろう205／55R16を履かされた。銘柄はミシュランのプライマシー4。これはコンフォートプレミアムを謳う商品であり、俊敏性や路面把握力を気張ったものではない。なのにタイヤが勝ちすぎている。PF1プラットフォームは、しょぼいエンジンの低グレードのほうが軒並み具合が佳かった。205／55を履きこなせる容量はないはず。このサイズ設定がそれを少し踏み越えてしまっているのだ。これはＰＳＡに限らないのだが、輸入車はタイヤ設定がコスメティックのみに振れすぎている。クルマを知らないマーケティング担当が決めているのだろう。これがプレミアムＤセグメント以上のシャシー容量が大きな車種であれば、味が悪いなァくらいで済むのだが、余裕のないＢセグメントあたりでは深刻化する。買った人だって無駄に太くて高いタイヤは交換するときに余計な出費を余儀なくされて嫌がるはずだ。おれならば速攻でタイヤをオークションかなんかで売り飛ばして、１９５／65にサイズを変えると思う。

だが試乗車ではそうはいかない。内圧をさらに0.1bar下げることも考えたが、高速１０００kmロングランを慮って、それはやめておくことにした。そのままで首都高に上がった。

すると、このＥＰＳの全貌が顕わになった。60km／hを超えたあたりで一気に保舵力が増してくるのだ。かつ中立への抑え込みも明瞭になる。40km／h以下とでは明らかに設定の傾向が変わるように躾けてあるのだ。これは西欧での運用に鑑みての措置ではあるのだろう。あちらのトラフィックは、市街地では畏れ入るほど徐行する。前が空いていても40km／hも出さない。だが市街地を出て郊外路に入ると一転してペースを上げる。その切り替えが明瞭な使い分けに対して呼応したＥＰＳ設定なのだ。それにしても両者の差異は色濃すぎるきらいがあると思うのだが。

こうしてタイヤ内圧とＥＰＳについての細かな検分を否応なく始めることになってしまった。気がつけば、ボイスメモ用のカセットレコーダーに言葉をブツブツと吹き込んでいた。習慣というのは恐ろしい。こうなったら仕方がない。第二東名に入るのは御殿場インターチェンジまで待って、そこまでのいつものコースで試乗検分を済ませてしまおう。そのほうが気分がすっきりする。

というわけで、渋滞気味の首都高での低速から、お馴染み大井松田の高Ｇ旋回を含む高速走行で得た検証結果を以降にまとめて書く。

まず件のＥＰＳ。これは速度を上げるほどに中立への抑え込みが顕著になっていった。速度だけでなく、スロットル開度にも明らかに反応していて、踏むほどに抑え込みが強くなる。追い越し車線をリードするくらいの速度域で、その抑え込みとシャシーの按配がちょうどよくなった。1.2ℓ直3とはいえ、ＥＰＳの設定は高速クルーザー風なのである。

畏れ入ったのは、その領域での空力的安定性もきっちり担保されていることである。両脇に著しい乱流を従えて走る大型トラックの脇を抜けるときでも、Ｃ３はその乱流で瞬間的に押される感じはあるのだが、にもかかわらず進路は乱されない。スタイリングを遊び倒しているようでいて、そこはきちんとしているのだ。１００㎞／ｈでも大型トラックの脇を通過するのが恐怖になる国産Ｂセグメント勢とは大違いである。それら国産車たちも欧州仕様では、これだと不評を頂戴するだろうから、高負荷に備えたアシの設定のみならずフロアなどに空力付加物の手当てがしてあるものと想像する。だったら国内でもその仕様で売ってくれればいいのに。

アシのほうは、これはもうバンプストッパー頼りが明瞭な仕立てである。それが効かない初期ストロークではアシは頼りないほどスカスカと動く。ゆえに低速だと上屋はピッチングにもローリングにも、ダイアゴナルな動きも混ざってきて常に小さく揺れながら走ることになる。だが、上屋に加わるエネルギーが大きくなってアシの動きが大きくなると、バンプストッパーがストロークを強く規制する領域に入る。その切り替わりは明確であり、リニアリティは薄い。一方で、速度域が上がって路面からの入力が増大すると、バンプストッパーをもっと間断なく使いながら走ることになって一貫性が出てくる。このあたりもまた、低速と中高速を二分した仕立てなのだ。

旋回特性はこんな具合だ。

前輪に横力が発生する。ヨーが起動する。と、すかさす後輪に横力が発生する。さっさとヨー運動が減衰する。結果としてクルマが前を向いたまま斜めに移動するような動きとなる。典型的なリア優勢の機動である。フロントヘビーのFF車は必然的にリア優勢の傾向となるのだが、C3のそれは少し嫌味に感じるほど後ろの踏ん張りが早く強く出る。曲がりたがるシャシーではない。

かつて106／サクソや306／クサラの時代はそうではなかった。シトロエンは、後輪のトーインを削ってキャンバーも立てて、リアを軽々と流して回り込むような鮮烈な機動性に仕立てて、同門のプジョーに対する味付けの違いを強調していた。しかし、クサラが初代C4に替わったあたりで、その方向性は忽然と消えて、最初から最後までリアが粘りまくる正反対のセッティングを彼らは採るようになった。同じプラットフォームを使いつつも、曲がるプジョーと直進重視のシトロエン——ただしハイドロニューマチック系は別として——という対比になったのである。現行の3代目C3もまた、その21世紀のシトロエン流儀を踏襲している。

ではあるのだが、そのリア優勢シャシーはVWのそれとは少し毛色が違っていることにも触れておかねばならぬ。VWのリアはいつでも踏ん張り続けようとする。かたやC3のリアは、上屋のロールモーメントが増すに従って、沈み込むような動きを見せる。大井松田あたりの高速高負荷コーナリングでは、そのリアの沈み込みによって、若干ロールオーバー気味になるのか、後輪がにじり出す動きがまず顔を出す。それからワンテンポおいてフロントが外へはらみ出す。といっても、ニュートラル感が濃い旋回をするわけではない。あくまで安定の枠内を出ることなく、その範囲内でこういう推移が起きると解釈してほしい。

そしてまた大井松田でタイヤ選択の問題が表面化してしまった。

高速道路といえど路面にアンジュレーションは存在する。その起伏を高速高負荷で突破すると夕イヤが跳ね上げられる。この縮みストロークは当然バンプストッパーで一気に抑え込まれる。反動で車体が跳ね上げられる。タイヤ荷重が瞬間的に消えてグリップがその刹那、抜け気味になる。と今度は跳ね上がった車体が重力で落ちてきて、アシが縮む。このとき主に後輪でスカッフ変化（懸架機構の伸縮が幾何学的に生むトレッド方向のタイヤの動き）が起きて、上屋が横揺れする。アシの縮みはたいがいの場合またバンプストッパーが効く領域に踏み込む。また一度目ほどではないが車体が跳ね上がる。これを繰り返しながらC3は大井松田を走った。

言い添えると、バンプストッパーが効いた状態で、タイヤの縦ばね減衰がだらしなかった。本来であれば動かないアシの代わりにタイヤが縦荷重の変化を呑み込んでくれないと困るのだが、そのときサイドウォールがだらしなく波打つような感じがあって踏ん張りが乱れがちになるのだ。

そういうわけで、ちと危うさが混じる高速高負荷旋回である。これもきっとタイヤが標準の185や195あたりだったら、その特性とバンプストッパーの働きとの兼ね合いは上手くいっているのだろう。バネ下重量も軽くなり、突き上げモーメントも軽微になるはずだ。

というような検分ができるほどにはエンジンは頑張った。

一応、解説しておくと、この直3は日本法人の表記ではHN01型となるが、一般的にはEB2型と呼ばれるPSA設計のそれである。ボアピッチは88㎜。金型鋳造のアルミブロックだが、金型の空隙部を真空にして、その負圧で溶湯を吸い込んで成型する。金型に溶湯を一気に押し込む普通のダイキャストだと、空隙部の空気が巻き込まれて気泡（鬆）がブロックに混じってしまうが、最初から空気がなければ気泡なぞ生まれようもないという理屈である。そういう種類のダイキャストだから当然オープンデッキ。さすがにこのクラスではライナーレスにするほどのコストは掛けられず、鋳鉄ライナーを鋳込むが、その外壁には馴染み性を上げるべくアルミコートが施される。

このEB2型には、208の下位グレードなどに搭載される自然吸気（82ps／12kgm）版と、直噴ターボのEB2DT型（110psの低出力仕様）やEB2DTS（131psの高出力仕様）がある。日本仕様C3に積まれるのはEB2DT型である。

ちょいと面白いのは、直4自然吸気TU5型を積んでいた初代C3後期型1.6との重量の比較。どちらも日本仕様の車重は1160kg——現行のほうが装備品は嵩むはずだから3代で軽量化が進んだことになる——であり、おまけに車検証記載の前後輪荷重配分も750kg：410kgで同一なのだ。ということは1気筒減っても前の重さは変わらなかったことになる。ターボや冷やしもの系の補機類が嵩むぶんで相殺されているわけだ。現行の遊星歯車＋トルコンの6段ATに対して初代1.6は4段ATという変速機の違いもあるのだろうけれど。

その6段ATだがアイシンAW製。PSAはEAT6型と呼ぶが、アイシンAWの呼称だとAWF6F25型である。日本語のアイシンAW公式サイトでは、これは流せるトルクが250Nmまでとなっているが、PSA用のそれは300Nmまでの大容量仕様。もっと高出力のユニットにも適合させるためだろう。2018年の春からPSAはライセンス料を払ってフランス北部はヴァランシエンヌ県の自社工場で生産することになった。C3ではシフトゲートに手動ティップ溝が切られるが、これは前に押してダウンのBMW式。変速そのものは、自動でも手動でも、のったり遅くて、ああアイシンAW製だと実感できる。

このパワートレインをペンデュラム式に吊るマウントは、伊仏車の通例で、かなりユルい。発進停止のたびにパワートレインがどっこいしょと揺れるから誰でも気取れるほどだ。

ギアリングは、100㎞／hで走るとき、6速だと2000rpm、5速だと2600rpm、4速だと3400rpm、3速では4800rpmといった按配。

エンジンのほうは、極低回転から全開加速を試みると、ターボのインターセプトポイントが2000rpmあたりに設定されていることが分かる。ただし、6速2000rpmで100㎞／h一定速巡航しているときは、負荷が軽微なのでウェイストゲートは開きっぱなしで、そこからアクセルを入れると漸くゲートが閉まって過給が始まるので、ターボラグはきっちり味わえる。

レブリミットは6200rpmほどのはずだが、当然ながらブーストはそれよりずっと前にタレてきて、5000rpm以上廻しても、加速することはするが躍度は期待できない。

自動変速モードのままであれこれ試したところ、60㎞／hくらいまでは4速の2000rpmで走ろうとする。それ以下に下げると過給の追従遅れが顕著になるからだろう。高速クルーズでは100～130㎞／hで、このパワートレインは最も違和感なく元気に働くようだ。フランスでは高速道路の速度制限は概ね130km／h。そこに合わせた制御の仕立てなのだと思う。言い添えれば電制スロットルの制御は、ドイツ車のように乱暴なペダルワークに即したジキルとハイド的なそれではなく、クルーズ時の微妙な加減速の要求にきちんと反応してくれるフランス車らしいものだった。この点は麗しい。

ただし動的な部分でPSAの右ハンドル車の悪しき通例が診られた。ブレーキの感触が芳しくない。ペダルに足を乗せて踏力を入れた途端に思いがけぬほど制動Gが強く立ち上がり、その先で今度は制動Gが弱くなる。つまりリニアリティの欠如。あとでエンジンコンパートメントを眺めたら、やはりブレーキマスターは左のままだった。

というような検証結果を御殿場までに得ることができた。足りなければ御殿場で降りてちょいと箱根方面を走ろうかとも考えていたのだが、その必要もなさそうだから、そのままインターチェンジを経由して第二東名に入った。

相変わらず単調な道である。左右は山ばかりで、道路が曲がりくねらず真っ直ぐに伸びる。道路構造令における設計速度は120km／hだが、このあたりから豊田市までは140km／hでも大丈夫なように作っただけのことはある。なのだが、今は速度制限の電光表示板は110km／hと点いている。であれば屈強な男二人が並んで座っているクラウンのお世話にならぬ＋20km／hの130km／hで流れるのかと思いきや、空いているのに周りのクルマは100km／h前後で走っている。日本人の大半は既にそういう風に去勢されてしまったのだ。

もっとも、乗るクルマが日本製Bセグメントあたりだったら、それは運転者ではなくクルマの所為だとは思う。日頃、カーシェアで国産Bセグメント量販グレードの、ピカピカの広報車ではない普通に草臥れた車輛には軒並み乗っているが、おれはあの手だと100km／hくらいしか出す気になれない。その状態でもシャシー性能にマージンが少ないことは気取れるから、雨だったり積載が多かったりするならば80km／hくらいに落としたいくらいだ。逆に言えば、120km／h以上で走る国産Bセグメントには近づきたくない。何かあればアンコントローラブルに陥ることは間違いないだろうから。

その点で考えると、このC3はずっと自動車としての容量が大きい。というより、先ほどから言っているように、どちらかといえばこのクルマは高速クルーズに寄せて仕立てられている。本来のタイヤサイズに戻してあれば尚のこと喜ばしい。しばしば高速を走る使いかたをするならば、国産勢に比してのエクストラコストを拠出する価値は十分にあると思う。

こうして自動車評論モードを解除して走ろうとしていたのだが、まだ検知するべきことがあるのに気がついた。

高速道路を走り始めて早々に車体の設えに好感を抱いた。初めはフロアが厚い感じがしたのだ。PF1プラットフォームも強化されたのだと考えた。しかし、大井松田に差しかかるころペースが上がり、件のバネ下からの突き上げが顕著になってくると誤認だと知れた。突き上げに対してボディはどしゃんと身震いし、内装材はそのたびにビリつく。205／55タイヤの所為もあろうが、やはり車台が構造的に古いなあという感はありありだったのだ。

その一方で、遮音性は進化していた。1.2ℓ直3ターボがアゴを出すくらいの速度域でもカーステレオ――音質は周波数レンジが狭く音質も埃っぽい――の音量を上げずに済んだのだ。殊にフロント隔壁とフロアまわりが入念である。これはディーゼル直4とガソリン直3というゴロつくエンジンを主力に搭載するがゆえの措置だろう。試乗車で言えば、EB2DT型の直3は、100km／hクルーズ2000rpmからの緩加速でもゴロゴロと呟く。そのノイズは薄いサイドガラスを透過してくるのであって、前や下からではない。こうしたフロアの入念な遮音がゆえに、初めは床が厚い感じを覚えたのであった。

ここに至って、C3のほぼ全ての能力を把握したおれは、完全にお気楽クルーズモードに入って東西に長い長い静岡県を走り切った。

愛知県に入って岡崎東インターチェンジの予告表示が見えてくる。第一東名しかなかったころは、このあたりでトロいくせにアヤシイ動きをするクルマが増えてきて、流れのペースが急に落ちるのが常だった。けれど第二東名ではそういうことはない。あれは中京地域のおっさんやおばさんの運転がヤバいだけではなく、道路の作りの所為もあったのか。

だが、第二東名終点の豊田東ジャンクションに近づくにつれて流れが混乱してくる。それは道路標示がややこしいからでもある。名古屋市を大きく取り巻く東海環状自動車道やら伊勢湾岸道やらの分岐表示が出てくる。おれはトヨタ本社の取材などで何度か走っているからともかく、初めて走る余所者はナビがあったとしても戸惑うだろう。高速道路の命名方法が法令の理屈最優先の役所式だから直観的に分かりにくいのだ。

分岐合流が複雑に続くこのセクションは、間違えると降りて乗り直すのがとても面倒なことになるので、少し集中して乗り切る。そして伊勢湾岸道に入る。だがその方向に進んでも、豊田東ジャンクションの次に豊田ジャンクションがあって、さらに次に豊田南インターチェンジが登場して、名古屋港が見えてくる手前で名古屋南ジャンクションがある。そして東海ジャンクションだの分岐が連続する。地元民以外はナビがないと確実にテンパるだろう。

インポーターが装着するナビは、コスト低減のために中身は古いものと相場が決まっている。けれどC3のそれはきちんと役目を果たしてくれた。漸く見覚えのある長島ストレートに入って安心する。長島ストレートというと300だの謎の数字を呟く人物がおれの周りには複数いるが、このクルマで今回の旅ではのんびり走る。

ここまで清水で小用を足しにPAに寄った以外はノンストップ。だが、もう少し走り続けることにする。おれは、伊勢湾岸道がなくて、いったん名古屋市内を経由しなければならなかったころから、東名阪自動車道の最初の御在所SAで休憩するのが習慣になっている。その先に全自動の赤外線式記念撮影装置があるというのも理由のひとつではあるのだが、何より茫洋と広くて建物も賑々しすぎず心安いから気に入っているのだ。鈴鹿サーキットに行くときも、冬場に関ヶ原の雪を避けつつ大阪に行くときも、必ずここで停まってきた。いつものように御在所まで頑張ろう。なあに、評論家モードで全神経を稼働させるのでなければ6時間くらいは平気の平左である。

それに未だ身体も辛くない。C3のシートは往年のフランス車の秀逸からすれば、ずいぶん安普請になったなあと嘆息する作りではあるのだが、それでも国産Bセグメントの椅子どもと比べたら出来は佳くて、肢も腰も痛みや凝りが出ていない。既述した僅かなオフセットも、シートサイズが大きめだから身体全体を左に寄せて座ることでとりあえず消せている。リーチが僅かに遠いステアリングリムは、高速では10時10分でなく8時20分を握ることで辻褄を合わせた。最近までフランス車は8時20分を握って送りハンドルをしたほうが、微舵フィールからアシさばきまで頃合いがよくなることが多かったが、C3はどうやら10時10分というグローバルスタンダードに落ち着いているみたいだ。それでもリーチの件ゆえに8時20分を採用したのだ。

御在所SAで少し長めに休憩を取る。まだ燃料に余裕はあるのだが、先で気をもむのが嫌なので給油しておく。

亀山インターチェンジで名阪国道に入る。ヤマトタケルの東征路ならば、やはりここを通らねばならぬ。伊勢で草薙の剣を拝綬しないと東征が始まらないのだ。だいぶ陽が落ちてきた。紀伊半島の背骨を形成する山々を越すこのルートは、21世紀の今でも、どこか深遠で玄妙な雰囲気がする。オカルト方面にセンスがないおれが、しかもクルマを走らせていてそう思うのだから、そちらに感受性が鋭い人なら余計に神妙さに打たれるだろう。あまり開発が進んでいないことも、その一助にはなっているのだろうが、間違いなくこのあたりには何かがある。とか言いながら、観光が苦手なおれは伊勢神宮にも熊野神社にも行ったことがないのだが。

名阪国道を降りたらもう奈良県だ。あとは一般道を少し行くだけ。向かうは近鉄奈良駅方面だ。京都と違って奈良は盛り場が少ない。暗くなってから立ち寄れる飲み屋じゃない飯屋は、そういうところにしかない。街道筋にファーストフード店やらファミレスはあるけれど、奈良まで来てそんなとこで夕飯を食ってたまるか。

というわけで、近鉄奈良駅の脇の商店街で定食屋を見つけて夕飯をとる。東京の盛り場は三分の一がアジア系で、三分の一がその他の外国人で、残り三分の一が日本人という様相を呈しているが、ここでは異人さんの姿はほとんど見かけなかった。奈良の観光名所は東大寺などが近辺に少し集まっているだけだ。俗化されてなくて本当に面白いところはあちこちに点在していて、そこを効率よく廻れる交通機関がない。だから駆け足で一気に見て廻るような初心者の観光には向かないのだ。そのことは大学の美術史の研修旅行で思い知った。延々と歩いていって古墳らしき丘を越えると、林の切れ目に古ぼけた小さな寺があって、そこに一体だけ天平時代の仏像があったりするのだ。そういうところを丹念にのんびりと廻ってこそ奈良である。

おれの奈良のイメージはそういうものだから、泊まるところも奈良ホテルだとかの豪勢な宿は選ばなかった。といって大学のときに泊まった学者向けの汚い木賃宿は御免である。索漠としたビジネスホテルも気分じゃない。なので、ネットで探してドミトリーを予約してあった。二段ベッドが並んでいる部屋に他人どうしが入り混じって寝泊まりするあれである。一夜のあいだ寝るだけだし、若者もすなるそういう宿泊施設を経験してみて、バブル期からこちら贅沢を知ってしまった年寄りの垢を落としたかったのだ。

始めて2年目だというそこは、ゲストハウス神奈寐という名で、奈良公園から南に少し下った静かな住宅街にあった。一緒に予約していた駐車場にC3を停めて、宿の若い女主人から宿泊のお作法を拝聴する。幸いなことに今晩は空いていて野郎用の部屋に他の客はいないそうだ。

共同の風呂は、バスタブつきのほうが使用中だったので、シャワーで済ます。長い時間クルマに乗っていたときに特有の、全身に膜が張ったような感覚を熱い湯で洗い流す。シャワーを発明した奴には人類の幸福に貢献した英知を讃えてノーベル賞を与えるべきだ。

裏庭に出て涼んでいたら、柿の木に実が成っていた。奈良はこうじゃなくちゃ。

ここがお前の寝場所だと案内された二段ベッドは、存外にどころか、あらゆる基準に鑑みても清潔と言えるものだった。シーツも毛布も枕カバーも皆洗いたて。おまけに脇のコンセントには電気式の消臭器が挿してあって、ほのかに好い匂いがする。21世紀を生きる若者の基準が分かった気がした。彼ら彼女らは、フォーマットや形態が貧乏ぽいのは何とも思わないけれど、襤褸かったり不潔だったり臭かったりするのは絶対に嫌なのだ。なるほどなあと思いながら横になったら、数秒で気を失った――。

明くる朝、宿で朝食をとって300円ほど払ってチェックアウトした。C3は夕方までなら停めておいていいというので、近所を散歩してみた。近くに大きな古民家に工芸の店が集まっているところがあると聞いて訪ねる。大阪芸大を出たという同い年の女の人が一点製作で作ったという口吹きガラスのゴブレットを買った。世の中の物書きどもの大半が誤解しているけれど、芸術と工芸は違う。なのに貴女はなぜこちらに、などと暫し話を交わした。丁寧にご自分の歩んだ道を明かしてくれて、頭の中が文化的になった気がした。

奈良を出て東京まで戻るまでのことは、往きと同じ高速ばかりの単調なルートを辿り直すだけなので省こう。ＶＷポロ直３ターボ車と遭遇戦を演じるような奇譚も残念ながらなかった。ネフタリ・ソト選手のホームランも空しく、ＤｅＮＡベイスターズのクラマックスシリーズ進出の夢が尽きる一戦のラジオ中継を聞きながら淡々と走った――。

帰ってきたら走行距離はちょうど１０００㎞ほどだった。計画どおりである。

総計してみたら燃費は13㎞／ℓだった。途中で４速から全開加速するシークエンスで瞬間燃費計の数字を見たら５㎞／ℓくらいを示していたから、流れを乱さぬペースが大半で停まらず走り続けたら、もう少し行くかと思っていたのだが。まあこれは前が空くと遠慮なくターボを効かせて加速する非エコラン運転のせいだろう。自動車評論モードをしなかったら15㎞／ℓは超えたと思う。

簡単にまとめを書いて締めくくろう。軽快に回る機動が得意だと思われがちなフランスの小型車だけれど、C３は予想以上にロングツーリング向きの安定型スニーカーであった。タイヤサイズ選択に多くが起因するのだろう小瑕はあったけれど、他には五感が気取る肌合いは刺々しいところがなくて、運転のストレスは少なかった。制動をかける機会が少なかったから、ＰＳＡ右ハン車でお馴染みのブレーキの件が気に障らなかったのも効いているかもしれない。

そんなクルマの仕上がりを堪えて呑み込める人ならC３は悪くないBセグメントだと思う。いやあ、叶うことのない望みとは知りつつも、やっぱり左ハンドルの細タイヤ仕様を入れてほしいなあ。さすればほとんどの件が消え失せるだろうに。

（ＦＭＯ ２０１８年11月16日号）

ジャズ界ナンバーワンのフェラーリ乗り

アメリカ合衆国がスポーツカーに目覚めたのは第二次大戦後になってからだったと考えていい。

そもそもスポーツカーという概念は、ヨーロッパにおいて乗馬に代わる富裕層の身体的アクティビティとして生成されてきた。かたやアメリカ合衆国では、広大な国土を移動するのに有用な実用ツールとして自動車は発展してきた。自動車技術の歴史を振り返ると、1910年代から30年代にかけてアメリカは日の出の勢いで新しい自動車テクノロジーの発明を生み出していく。ただし、それは運転操作の容易化や居住性の向上など安楽に移動できることを目指す方向に偏っていた。大きく楽にゴージャスに。それが第二次大戦前のアメリカの自動車が目指した理想像だった。

そんなアメリカは第二次大戦のとき連合国側としてヨーロッパへ大規模な出兵をする。そして戦後秩序ができあがるまで進駐軍として欧州に多くのアメリカ軍人が居残った。彼らはフランスやドイツやイタリアの享楽を体験した。アメリカ人が堪能した享楽は、食べ物や酒やファッションや女が主だったけれど、スポーツカーを走らせる楽しみを覚えた者も少なくなかった。
その者たちが帰国してヨーロッパ製スポーツカーの快楽がアメリカに伝道された。将校クラスだと欧州で乗っていたスポーツカーを持ち帰る者も少なくなかった。こうして北米に欧州製スポーツカーの市場ができあがった。なにしろ戦後にアメリカは驚異の経済発展をし、1950年代に全世界の3分の1の富を有すると言われるまでになる。これによる旺盛な購買力がジャガーやポルシェなど欧州製スポーツカーメーカーの勃興を支えた。本来ならば少数のコニサーにのみ求められるようなマニアックな商品だった欧州製スポーツカーは、愛好者や憧憬者の裾野を大いに広げていったのだった。

1950年代のアメリカ合衆国において、そうした欧州製スポーツカー愛好者のアイコンとして後世にまで語り継がれるのがジェームズ・ディーンだ。小さなMGで欧州製スポーツカーに目覚めた彼は、ポルシェ356でレースに夢中になり、純競技用マシン550で非業の死を遂げる。流星のように一瞬だけ光芒を放って人々の視界から消え去り、50年代を代表する銀幕スターの伝説を完成させたのだった。

さて、ジェームズ・ディーンが遺作となった『ジャイアンツ』の撮影に入っていた55年の初夏、音楽界ではマイルス・デイヴィスという黒人トランペット奏者がスターの座に着こうとしていた。

マイルスは40年代中盤にニューヨークのジャズシーンに登場した。ちょうどそこでは、バロック期の作曲家ジャン＝フィリップ・ラモーが提示した機能和声のロジックを、旧来のスイングジャズに適用することで構造を高度に複雑化させたビバップという音楽革命が勃発していた。ひと握りの有能な黒人奏者たちがアンダーグラウンドで実行したその革命の旗手はチャーリー・パーカーというアルトサックス奏者だった。人格的には社会不適格者というかクズの極みだったパーカーは、黒人にもかかわらずセントルイスで裕福な家庭に育ったマイルスを金蔓として利用しようとした。ところがマイルスは、ただタカられるだけでなく、秘めていた楽才をパーカーたちとの共演によって萌芽させるのである。

こうしてマイルスはバップ革命の渦中の人物になっていくのだが、驚くことにその一方で、バップの方法論を利用しながらも急進的かつメカニカルなそれとは正反対のクールジャズの創造グループで中心人物にもなった。時代を切り拓くモードの先導者にマイルスは躍り出たのだ。

だがそれはジャズという狭い世界野での出来事であった。栄華を極める50年代アメリカにおいてその担い手は、耐久消費財についてはは20代のベビーブーマーであり、かたや音楽においてはロックンロールの出現によってティーンエイジャーにその軸足が移行しようとしていた。シングル盤で1000万枚のオーダーに上っていたロックンロールに対して、ジャズはその10分の1以下のビジネス規模に留まっていた。30年代以来守ってきたポップスの主役の座を明け渡したのだった。

そんな状況に対して、大手レコード会社のCBSコロムビアは、サバーバンライフを愉しむ30~40代の白人中産階級層に売る音楽を探していた。そんな彼らの目に留まったのがマイルスだった。たまさかマイルスは1955年7月に開催された第2回ニューポート・ジャズフェスティバルに出演して大喝采を受けたところだった。こうしてマイルスは、CBSの豊富な資金力とバックアップを得て独自の才能を発揮し、ジャズの音楽構造の改革を何度も果たして帝王の道を歩んでいくことになる――。

そんなマイルス・デイヴィスは、音楽そのものだけでなく、服装や私生活でも尖端のファッションやモードを取り入れて自己演出を図る天性のセルフプロデューサーであった。元々金持ちの息子として育っていたマイルスは1949年にパリ——感覚を尖らせたパリの一部の若者にとって黒人が演奏するジャズは飛び切り尖鋭的なサブカルチャーだった——に初めての海外楽旅をしたとき、ボリス・ヴィアンと遊びジュリエット・グレコと恋仲になるなど花の都の粋を存分に味わったのだが、そのときに欧州製スポーツカーの洗礼も受けていたらしい。以降、マイルスはMG-TDを手に入れたのを皮切りに、ベンツやジャガーなど欧州製の高性能車をとっかえひっかえ手に入れて乗り回すようになるのである。そしてCBSからもたらされる多額のギャラを手にして彼はついにフェラーリを手に入れる。60年代後半にはミウラを買い、晩年にはテスタロッサで見栄を切った彼は、自らのイメージをイタリア製スーパーカーで彩った稀有なジャズマンだった。

そのことは知られているし、拙著『巨匠が愛したフェラーリ、女優が恋したモーガン』にも一項を設けて記したのだけれど、実はジャズ界にはマイルスほど一般に知られていないが、マイルス以上に物凄いフェラーリ乗りがいたのだ。名をアレン・イーガーという。

アレン・イーガーはマンハッタンの北東にあるブロンクス区で１９２７年に生まれて育った。そして一種の神童だった。３歳で識字したというし、９歳のときには母の助けを借りつつクルマを運転してニュージャージー州境の別荘地まで走ったのだそうだ。そんな神童は10代になって音楽に目覚めるのだが、そこでも天性を発揮した。初めはクラリネットだったが、その木管楽器の演奏は13歳でＮＹフィルのデヴィッド・ウェーバーに師事する水準になっていたのだ。

だが、神童アレンは、軽音楽の世界で１９３０年代には花形楽器だったクラリネットから、40年代に脚光を浴びるサックスに持ち替える。そして15歳で一流プロの楽団に参加するようになった。やがて第二次大戦が終わるころには、先述のチャーリー・パーカーたちが夜な夜な集うマンハッタン52番街アンダーグラウンドの常連になっていた。このころに残された演奏を聴くと、きわめて数理的でロジカルなバップのメカニカルな音楽構造と、マイルスたちも範としたレスター・ヤングというテナー奏者のクールでスムーズな感覚を併せ持ったスタイルであったことが知れる。つまりアンダーグラウンドにおいてもさらに尖端的な演奏をしていたのだ。

そして、アレン・イーガーは、そのライフスタイルにおいてもまた尖端的だった。その白人的で端正な容貌が映えるイタリア製のスーツを粋に着こなし、52番街で随一の洒落男と呼ばれた。と同時に、パーカーたちと同じく彼は重度のドラッグ中毒だった。当時ジャズ界に蔓延していたヘロインのみならず、登場したばかりのLSDにまで手を出していた。そのジャンキーぶりとヒップさ加減はアンダーグラウンドに轟いて、ビートニク世代を代表する作家ジャック・ケルアックは、問題作『路上』に先立って53年に出版された『地下街の人びと』で、アレン・イーガーをモデルにしたロジャー・ベロワという人物を登場させているくらいだ。

ところで、今もそうだが当時もヘロインは高価だった。アングラ領域のジャズミュージシャンの演奏収入くらいでは、おいそれと大量に常用などできない。最低最悪の人格破綻者だったチャーリー・パーカーは周囲を片っ端から騙して麻薬代を巻き上げた。アングラ世界なりに時代の寵児ともてはやされていたパーカーほどは売れていなかったアレン・イーガーはどうしていたのか。

　実は彼もパーカーと同じように麻薬代を他人に依存していた。だが、その方法論は彼一流のスタイリッシュなものだった。

　金蔓はオンナだった。

　小便臭いグルーピーが雲霞のようにミュージシャンに集まったり、ダメ男のバンドマン志望にOLの彼女が洗いざらい給料を吸い取られる構図は今も昔も変わらない。だが彼の場合は次元が違った。セレブリティと称されるクラスの金持ちの女たちがアレン・イーガーに貢いだのだ。そのひとりとして名が挙がるのは例えばペギー・メロン・ヒッチコックである。彼女は20世紀に入るころ石油で財を成したメロン一族の相続人。あるときアレン・イーガーがペギーから「借りた」額は4万8500ドルだとゴシップ誌に書かれた。床屋代が2ドルで、吊るしのスーツなら30ドルで買えた時代のアメリカの4万8500ドルである。こうした金持ちのオンナたちが入れ替わり立ち替わり現れて、ジャズの若手ナンバーワンの伊達男に夢中になって貢いだのだった。

20代半ばのマイルスが手本にしていたのが、そんなアレン・イーガーであった。美意識においてて白人的洗練を志向したマイルスは、歳こそひとつ下ながら、その見本のようなアレン・イーガーに魅せられたという。当時のNYアンダーグラウンドで若手バップ演奏家が挙って着ていたのは、身頃がダブダブに大きく、また肩パッドも異様に張り出したズートスーツと呼ばれるものだった。80年代にデビューした当時の吉川晃司が着ていたダブルのスーツを想い起こせばいいだろう。だが、ニューヨークに出てきたばかりのマイルスは金持ちのお坊ちゃんのセンス丸出しで、ブルックスブラザーズ製のタイトでクラシカルなそれを愛用していた。周りのバッパーたちから浮きまくったそのイケてない趣味を宗旨替えさせたのはイーガーだった。

そんな伊達なタラシ野郎アレン・イーガーは、50年代に入って大不況に襲われたニューヨークのジャズ界に愛想を尽かして、なんとスキーと乗馬のインストラクターに転職してしまう。神童アレンはここでも天才的な習得の速さを見せ、こうしたセレブリティの定番アクティビティの世界で楽しく過ごすことにしたのだった。その後、ジャズ界の景気が回復すると、折に触れて彼は楽才を惜しんだ者たちに請われてバンドを組んだり散発的にレコーディングをしているのだが、56年から57年にかけてはパリに棲んだりと、浮草のような遊興的な生活を送ることになる。

それから少し経った59年、マイルス・デイヴィスは機能和声に基づいたバップ式の音楽構築に見切りをつけ、教会旋法に基づくそれを構想して畢生の名作『カインド・オブ・ブルー』を吹き込んでいた。同じころアレン・イーガーは新しいセレブ女に新しい世界へ案内されていた。自動車レースである。冒頭でヨーロッパ富裕層のアクティビティだった乗馬は20世紀に自動車に変わったことを述べたが、半世紀遅れてアレン・イーガーもそちらの世界に足を踏み入れたのだった。

今度のアレン・イーガーのパトロンは、女流スポーツ記者としてニューヨーク・ヘラルドトリビューン紙の看板だったデニース・マックルゲイジだった。

自らもスポーツ万能で腕に覚えがあったデニースは、既にレース参戦の経験があり、57年のベネズエラ・グランプリにはポルシェ５５０ＲＳで、59年のセブリング12時間にはあのアレッサンドロ・デ・トマゾやイザベル・ハスケルと組んでＯＳＣＡ７５０Ｓを走らせ、同年にはイザベルと女性ドライバーどうしのコンビを組んでニュルブルクリンク１０００㎞にも出場している。結果は途中リタイアではあったのだが。

そんなデニースは仕事柄、ルイジ・キネッティと懇意にしていた。エンツォの古い友人で、アメリカ東海岸におけるフェラーリの正規代理店を営み、また事実上のセミワークスと言われたＮＡＲＴ（North American Racing Team）を率いるキネッティである。そのキネッティに渡りをつけて、１９６１年にまたも彼女はセブリング12時間をフェラーリで走ると決めた。ジェームズ・ディーンが参戦した競技はアメリカ国内の草レースに近いものだったが、こちらは格式が違う。セブリング12時間はＦＩＡメイクス選手権の懸かったシリーズ初戦なのである。

だが、12時間にわたる耐久戦であるセブリングは、ひとりのドライバーでは走り切れず相棒が要る。そこでデニースはアレン・イーガーをコドライバーに誘った。

この素人コンビにキネッティがあてがってやったのはフェラーリ250GT SWB（シャシー番号1931GT）だった。

このときのメイクス選手権が懸かっていたのは、グループCマシンすなわちワンオフ可能の純レース用2座マシンであり、フェラーリの場合は250テスタロッサが主戦機であった。その一方でシリーズ全戦にFIAはグループ3で争うグランドツーリングカーチャンピオンシップという賞典も用意していた。そちらに関するフェラーリのマシンが250GT SWBであった。翌年になるとFIAはメイクス選手権をグランドツーリングカーに懸けるように規定を変更し、これを受けてフェラーリはFR時代の究極マシン250GTOを開発するのだが、その前身である競技専用マシンが250GT SWBであった。

ちなみに250GT SWBがレースに初登場したのは前年1960年であり、件のシャシー番号1931GTは、やはりNARTからのエントリーでル・マン24時間を筆頭にメジャーレースを走っている。翌61年は、250GTは未だGTOに進化する前だから依然としてグループ3最強ウェポン。しかもマラネロに太いコネを持つNARTからのエントリーだから事実上のワークスマシンである。デニース・マックルゲイジとアレン・イーガーの素人コンビは、そんな強烈な競技車輌を駆って出場することになったのだ。

そして、そのリザルトは総合10位でクラス優勝だった――。

もちろん、両人とも何度となく練習走行は積んだという。デニースの顔で、総合優勝を争うグループCの超一流ドライバーにもアドバイスを仰いでいたという。アメリカ大陸で開催されるシリーズ初戦ゆえ、ヨーロッパのメーカーの主戦機や手練れドライバーが参戦を見送り、2ℓ級のグループ3/グランドツーリングカー枠で高い戦闘力を保持していたチームが少なかったという幸運もあった。とはいえ両人の250GT SWBの前でチェッカーを受けたのは、1位から4位までと8位が250テスタロッサ、5位と7位と9位にポルシェ718RS61、6位にディーノ246Sという顔ぶれ。つまり9台は全てグループCの純競技用車輌だった。コルベットやアストンDB4GTといったコンテンダーがリタイアしていくのを尻目に、トップから僅か27周遅れで、両名はしっかりマシンをゴールさせたのである。既述のようにデニースは経験があったが、アレン・イーガーはレース初心者と言ってよかった。神童は大人になってもただの人にはならなかったのだ。

デニース・マックルゲイジとアレン・イーガーのコンビは、同じく61年に、彼女が走ったことのあるニュルブルクリンク1000kmにも同じ1931GTで出場したが、このときは20周でクラッシュしてリタイア。さらに翌62年には、やはりNARTが所有するOSCA1000S――純レースマシンだがその年からメイクス選手権はグループ3/グランドツーリングカーに懸かっていたから第一線ウェポンではなかった――を駆ってセブリング12時間に出場したのだが、10周でリタイア。

そして同62年の9月にニューヨーク郊外のブリッジハンプトンで開催されたシリーズ第8戦に、両人はやはりOSCA1000Sで参戦するが、42周目にアレン・イーガーはクラッシュで大怪我をしてリタイアしてしまう。デニースは67年までメイクス選手権レースへの参戦を続けるが、彼のほうはこのときの大怪我に懲りたようで、以降レースから身を引く。

こんな風にアレン・イーガーのレース歴は短かった。だが、その中身は凄いとしか言いようがない。ジャズのサックス吹きがふらりと国際格式のレースに、しかもフェラーリの準ワークスマシンで走って、総合10位でクラス優勝などという事態は、永遠に起きはしないだろう

――。

その後も調子よく暮らしていたアレン・イーガーは、60年代後半にフロリダに引っ越して悠々自適の引退生活を送ることになるのだが、ジャンキー伝説に吸い寄せられたのか、なんとあのフランク・ザッパと交友を結んで、彼の処女作『フリークアウト!』や『ホットラッツ』において(正式なクレジットはないものの)テナーサックスを吹いた。また80年代に入ると、ジャズ界の復古ブームに気が向いたのか、『ルネッサンス』なる復帰作を吹き込み、翌83年にはかつて52番街の仲間だったディジー・ガレスピーや、彼以上に最低のジャンキーだったチェット・ベイカーとバンドを組んで国内や欧州の楽旅に出ている。

ジャズにドラッグにレースにと刹那的な快楽に身を浸した人生を送っていながら、アレン・イーガーは長生きして、2003年4月13日に肝臓癌で世を去った。エリック・クラプトンがそうであるように、若いころに破滅的な生活を送っていても、金がふんだんにあって身体を修復すれば長生きできるということなのだろうか。

マイルスの自伝にこんな逸話が残されている。

彼にルイジ・キネッティを紹介したのは、やはりアレン・イーガーだった。そのころマイルスは、流石に新車のフェラーリは無理だったようで、８５００ドルを出して中古の２５０ＧＴを買った。

それが初のフェラーリだったマイルスは、納車前にアレン・イーガーに運転のレクチャーを頼んだという。マイルスが持っていたジャガーにふたりで乗り込んでレッスンは行われたのだが、マイルスはライトバンにオカマを掘ってしまった。焦るマイルスを運転席に残して、彼はクルマを降りて被害を見に行った。両車とも掠り傷くらいの軽い衝突だった。だが、ジャガーに戻ってきたアレン・イーガーは「おい。首がちぎれてなかったぜ」と嘘をついて脅かした。さらに真っ青になるマイルスを見て、アレン・イーガーは大笑いしたという。

マイルス・デイヴィスの高名と、韜晦的でハッタリ上手な自己演出の弁舌に惑わされてはいけない。ジャズ界ナンバーワンのフェラーリ乗りはマイルスでなくアレン・イーガーである。クラシック界にもポピュラー界にも名を残すフェラーリ乗りはいる。だが彼にはとうてい敵わない。こう言ってしまおう。音楽史上ナンバーワンのフェラーリ乗りはアレン・イーガーである。

（FMO 2019年8月21日号）

ラングラーの優しい夜

カーテンを開けると篠突く雨だった。

仕方ねえなと、ひとりごちる。不幸中の幸いで、高負荷の高機動をする意味はあまりないクルマだ。さっさと風呂をつかって出掛けることにしよう。

乗るのはジープ・ラングラー。2018年にJL系へ切り替わったばかりの新型だ――。


真っ赤に塗られたラングラーを駐車場の少し離れたところから眺める。

夜目にも鮮やかなこの赤はファイヤークラッカーレッドという呼称らしい。ファイアクラッカーが、小学生のときチャリ走行時の投擲火砲にしていた爆竹のことだと知ったのは、初めは細野晴臣のリーダー作と認識されていたYMOの処女作『イエロー・マジック・オーケストラ』を手にした高2の冬だった。といっても、おれ自身は爆竹に赤のイメージはない。けれど、旧正月に中華街で大量に着火される奴なら一般的なアメリカ白人にとってイメージは赤なのかもしれない。しかし、このラングラーの赤はマゼンタが強い中華風の赤よりも鮮やかだ。微妙に地味に寄ってしまう日本車の赤に比べたらフェラーリのロッソコルサ――ただしグラスリット社製からＰＰＧ社製に変わった90年代の――に近いのではと思うくらい派手である。

　ちなみに、赤は膨張色だ。赤く塗ると物体は膨らんで見える。フェラーリは市販車のデザイン試作を赤く塗って検討するおそらく唯一の自動車会社だが、ゆえにフェラーリは赤で塗ったときに所期の造形に見えるし、銀や青メタなどの収縮色で塗ると体脂肪率が過少の痩せぎすに見える。ことほど左様に色はクルマの印象を変えてしまうのだ。このラングラーの場合もしかりで、数字以上の巨体に見える。おっと数字を書いておこう。

	全長　全幅　全高	軸距
□ＪＬ系ラングラー（4ドア）	4870×1895×1845㎜	3010㎜
□Ｇ63ＡＭＧ（4ドア）	4665×1985×1975㎜	2890㎜
□レンジローバー	5005×1985×1865㎜	2920㎜
□アウディＱ8	4995×1995×1705㎜	2995㎜

ラングラーには軸距の短い2ドアと長い4ドアがある。今回は4ドアのほう。グレードはアンリミテッド・スポーツである。長いほうとは言っても、ディメンションを比べてみると欧州製のクロカンやSUVに比べて決して大きくはない。なのに、目にはそう見えるのだ。

大柄に見えるもうひとつの理由はエクステリアの意匠だ。

丸目2灯が縦桟を並べたグリルを挟むフロントは、世界中がイメージに焼きつけている御先祖様のそれを踏襲していて、すくっと立った各ピラーに囲まれたスクエアなキャビンも継承されている。その上でラングラーは先代JK系あたりから、右記のモチーフを思い切り漫画的にデフォルメしたような造形になっていき、現行JL系でそれが明白化した。漫画的なデフォルメは、先代マスタングあたりから始まって、ここ十年来アメリカ車デザインに共通する方法論だが、それが顕著に見られるのは往年の有名モデルを手本にした再現車。懐古調ではなく継続しているラングラーもその流行の波を被ったのだ。また、過去には金属製だった前後フェンダーが暗灰色の素材色そのままの樹脂製になり、本体から庇が大きく張り出した印象が強まっている。ともすれば玩具っぽく目に映る漫画的で大袈裟で荒っぽいその処理が、ラングラーを実際以上に肥大したように見せているのだと思う。

こういう漫画的な大袈裟さが、繊細緻密を好む大方の日本人にアメリカ車を敬遠させる原因になっているようだが、実はそれは箱庭的にちまちまと整理整頓された日本の都市部や田園地帯の景色の中に置いてクルマを眺めているからでもある。例えば、放置された工場街跡地のような索漠かつ寂寥とした地域の舗装もされていないような場所に停めて眺めてみると、日本車やドイツ車は周囲から浮き上がって脆弱に見える。雑で大雑把に思える造形で丁度よかったりするのだ。国土の多くに人間の手が入っていないアメリカ合衆国では、そのくらい粗いスケールで測って作ったようなデザインのほうが適正なのだろう。

右側に歩み寄る。ラングラーはだいぶ前から右ハンドル仕様が導入されている。2代目XJ系チェロキーが日本でスマッシュヒットして、ホンダの販売店まで売るようになったとき、クライスラーは米国での郵便集配用に特別仕立てしていた右ハンドル仕様を日本向けに投入した。続いてラングラーも2代目TJ系から右ハンドルで入るようになったと記憶している。ロックを解除してドアを開け、運転席によじ登る。ドアを閉める。パコンと軽い音がした。このあいだ乗ったベンツ新型Gクラスの重々しさとは正反対だ。なのに余計な分割振動が尾を引かないところは似ている。この組み合わせは他にあまり例を知らない。何とも不思議な感じの閉まり音である。

シートは柔らかい。上層に敷いたワディング材で稼いでいる表面的な柔らかさでなく、内層の発泡ウレタンの厚みが醸す奥行きのある柔らかさだ。スライドを調整してのちバックレストの角度を合わせようとして戸惑った。レバーがないのだ。はて面妖なと思ったら、角度ロック解除は紐を引っ張って行う仕掛けだった。見ればドア内張りが大きく出っ張っていて、レバー式だと手が入らないのだ。

そして運転ポジションを合わせようとして気がついた。アメリカ車の右ハンドル仕様に依然として通底する瑕疵。すなわちオフセットだ。シート座面の中央に対してステアリング軸は10㎜ほど左に寄っていて、その真下どころか、それよりも左にブレーキペダルがある。さらにはトランスミッションケースを躱すためセンタートンネルは盛大に膨らんでいるから、左足の置き場も皆無だ。やっぱりアメリカ人は右ハンドルなんて真面目に作ろうとしていないのだろう。ただし、のちほど確認したらブレーキマスターは右に移設されていた。エンジン縦置きのＦＲだから移しやすいという物理的な理由もあるのだろうが、そこは欧州実用車の右ハンあたりよりも真面目ではある。

ダッシュの造形もまた大雑把だ。

ほぼ垂直で平らなダッシュ前面は、その周囲をぐるりと張り出しが取り囲む。助手席側の張り出しの下縁は、オフロード走行に備えた握り棒になっているが、基本の造形は単純だ。その切り立ったダッシユ前面に、４つの丸い通風孔が開けられ、中央部には太い出っ張りで四辺を囲まれた液晶ディスプレイが鎮座する。さらには古典的な円形のスピード計とタコも、クラスターとして独立させず絶壁ダッシュに埋め込まれる。現行ベンツＳクラスの試乗記で、真円形のベンチレーターダクトを強調したそのダッシュの意匠について、最短の線で最大の面積を囲む真円は効率の極北であり、その合理性がもたらす冷たさが有機的なダッシュの形状に全く合ってないと非難した。しかしラングラーの場合は、同じく真円形を多用してはいても、ダッシュそのものがこれだけ大雑把に愛想がないと、浮き上がって見えることもなく、こちらも、ま別にどーでもいいか的な気分になる。

と緩んだ気持ちで2眼式メーターを睨んだら、レタリングがクール方向に洗練された意匠だと気がついた。これで内外装の漫画的で大雑把な印象が、かなり中和された。文字や数字のデザインが与える割合は大きいのだ。言及されることは少ないのだが、日本車のデザインで最もひどいのがレタリングである。内外装の造形はあれこれ凝ろうとしていても、メーター盤の数字を見るとたいがいガックリする。文房具屋からインレタのシールを買ってきて貼り付けたようなのが多いのだ。

これは文化的な経緯がもたらしたものが多いように思う。欧文は26種か多くても50種ほどのアルファベットにアラビア数字の10字を足した程度の種類の文字を横書きする。だから隣にどの文字が来るか組み合わせの数が限定できる。ゆえに限られる文字どうしの並びを念頭に置いて文字数字の形が磨かれてきた。おまけに60種くらいを分別できればいいのだから、文字や数字そのものの形態もシンプルで、形を整えやすい。大学生のころ美術史学のレポートを書くために写植や活字の歴史に触れた本を読んだことがあるのだが、例えばあとに「i」や「r」や「l」が来ることを前提に「f」の形が洗練されていったりするプロセスが書いてあって目から鱗が落ちた。あちらは文字数字の単体でなく、それが意味を成す単語として組み上がったときのことを念頭にデザインされているんだなあと得心したのだ。

翻って、日本語の文字は、中国から漢字を輸入してきて、それを崩して平仮名と片仮名を作った。しかも横書きでなく縦書きだ。縦書きがゆえに、漢字も平仮名も片仮名も、ひとつの文字が四角い枠の中で自己完結するようにその形が磨かれてきた。単体の文字の形は工夫するけれど、そこで思考が終了――組み合わせが無限大に近いから仕方ないのだが――するのが当たり前だった。

これが速度計やタコの数字に覿面に影響しているようなのだ。どうやら、ひとつひとつの数字は視認性を真面目に考慮しているらしいが、2桁や3桁の数字になると素人がインレタシールを貼って並べたみたいに醜悪になってしまう。

ちなみに、おれの目では、メーター類のレタリングが最も洗練されているのは、イタリア車でなくフランス車で、現在ではシトロエンのDS部門が頭ひとつ抜けているように思う。自動車まわりで最も酷いのはナビや車輛情報の表示だ。とりわけ輸入車で本国仕様の欧文表記を日本語に翻訳して映し出すときのレタリングは唖然とするほど劣悪だ。プレミアムを自称して内外装デザインを磨いた輸入車のビジュアル上の品位を、あれが著しく落としている。

そこに各メーカーの日本法人はそろそろ気がついたほうがいいと思う。

などとクライスラーのデザイン部門の実力を悟ったところで、中央の液晶ディスプレイの下を見ていくと、空調スイッチを経て最下段に見慣れぬ大ぶりなスライド式レバーが上下左右に4つ並んでいた。何かと思ったらパワーウインドウのスイッチだった。ドア内張りでなく、このあたりにそれを置くデザインは21世紀の初めまでは幾例か見られたが、こんなに莫迦デカいスライドレバー式ではなかった。欧州車とその物真似に懸命な日本車ばかり見慣れていると、こんなディテールまで異世界に迷い込んだようで面白い。ドア内張りに、開閉レバー以外の操作系を置かないこの設計は、なんとなればドア無しでも走ったるぞという心意気が帰結したものなのだろうか。まさかねえ。

雨が小降りにならないかと微かな期待をして、このままでもう少し時間を費やすことにした。後席にも座ってみたのだ。

アメリカ製のクロカンやSUVの原点はピックアップトラックである。その荷台にサードパーティが作った樹脂製の上屋を被せることが流行り、各メーカーがそれに対応して有蓋のロングキャビンを持つ形態が生まれた。その歴史的な推移を物語るように、かつてのアメリカ製クロカンやSUVでは、後席がまるで補助席みたいに等閑視されていた。それが21世紀に入るころ——GMでは先代ブレーザー／タホあたりから——後席の居住性が一気に是正されていった。誘因はBMWが初代X5を作って北米の商圏に乗り込んできて有卦に入ったことだと推察する。乗用車の派生で作られた欧州製SUVの車輌パッケージに影響されて、どうせ寸法的には余裕があるのだから後ろも居住性をきちんと確保しましょうか、となったのだろう。

こういう潮流を受けてかラングラーも、今や後席スペースは補助席風の域は脱している。座面長は少し短くて身長173㎝のおれでさえ膝裏に拳がふたつほど隙間が空くのだが、座面後傾角はきちんと取られていて腰の落ち着きは悪くない。バックレストも、4ナンバー商用車の如く無愛想に垂直に立ち上がるのでなく、現代の乗用車と同じような少し多めの後傾をしている。

こうして30分ほど駐車場で過ごしたが、雨はやむ気配がない。諦めて駐車場から出して昼間の活気の名残がある国道を走り始めた――。

動的な領域での第一印象は乗り心地であった。

この20年で自動車の乗り心地はかなり変わった。端的に言うと硬くなった。衝突安全性が注目されるようになって結果として車体が重くなり、またダブルレーンチェンジ等の動的評価も俎上に上がるようになって、アシまわりの緩衝機構が締められる方向に寄った。とりわけセダンやハッチバックは、居住性におけるアピールをミニバン等の背高多席車に譲ったために、消去法で機動性の俊敏を掲げるしかなくなって、アシを引き締めた「スポーティ」を謳うしかなくなった。でもゼニは掛けたくないというケチな根性が出て、その結果、バンプストッパーでストローク規制を強力にかけるアシの跳梁跋扈となった。

一方でクロカンやSUV群は、かつては荒路での走破性に鑑みて可能な限りストロークを長く取ろうとするものが主流だったけれど、X5やカイエンのヒットでオンロード性能が重視されるようになってからこちら、アシを締める例が一気に増えた。こうした変遷を経て、高級を謳うＳＵＶ勢は挙ってエアサスを装備して、荒路に要求される長いトラベルと良路（特に高速高機動時）で望ましい短いトラベルを両立させようとしているが、裏に潜む罠もある。

エアサスは、大雑把に言えば、空気をばねとして使う緩衝機構である。気体は押し縮められるほど反発力が上がるから、空気ばねは漸増レートとなる。この性格を利用すれば、脚の動き始めは柔らかくて、ストロークが増えるとともにどんどん硬くなる。夢のばねだ……と考えるのは浅墓である。普通のコイルばねの場合と同じように、エアばねにも過大ストローク時の対策にバンプストッパーが組み込まれている。エアばねの場合は底突きすると機構が壊れてしまうから、より早期から効かせる。さらにはエアばねは縮みストロークが大きくなるほど漸増したばね特性の躾が難しくなるので、そこをバンプストッパーで十分に補完しなければならない。以前ベンツなどドイツ車のエアサスを供給するティッセンクルップの技術者にインタビューしたとき、エアサスはバンプストッパーありきですバンプストッパーを効かせないと成り立ちませんと彼は断言していた。

これが裏目に出ることがある。補助的にエアサスに組み込まれる車高調整機構を働かせたときだ。高速走行時やスポーツモード時に、それが利いて車高が下がる。するとアシが動いた途端にいきなりバンプストッパーが効いてしまって突き上げが酷くなる。エアサス特有のフワフワ感に、突然ゴツゴツが混じる。こんな不快なことはない。そのあたりの躾を上手にこなしているレンジローバーやポルシェのような例もあるが、アウディQ5やボルボXC90のように下手糞な例も多い。そうそう全てが上手くいくはずがないのだ。

という中で、かつてのクロカンやSUVで味わうことができた柔和で懐深い乗り心地は、レンジローバーのような数少ない例を除けば、地上から姿を消していった。G63AMGも、乗り心地は決してソフトタッチとは言えなかった。ところがラングラーは柔らかく優しい。記憶に刻み込まれた20世紀のクロカンやSUVのように――。

ラングラーはご存知のようにUSA流のマッチョな見た目をしている。「俺様は道なき道を踏み走る機械だ」と言っているようなイカツイ姿形。なのに乗ると柔和。外柔内剛が人柄の理想とされているけれど、これは言ってみれば外剛内柔。かつてクロカンやSUVの魅力の核心だったそれを、ラングラーは21世紀も5分の1を過ぎようとしている今も依然として備えているのだ。

かつまたラングラーは、ただ優しく柔らかいだけではなかった。柔和なその触感の内側には頑強な芯が隠れている。それは間違いなく車体構造に起因する。ラングラーとジムニーのフルモデルチェンジの報を聞いたとき、ものの分かった同業者たちもおれも一抹の不安を覚えた。応力外皮セミモノコック構造に転換してしまうのではないかと懼れたのだ。

現代の乗用車のほとんどは応力外皮ボディ。鉄板を溶接で継ぎ合わせて箱にした構造だ。字義どおりのモノコック（卵のような薄外殻構造）ではなく、技術的に正確を期すれば、サスペンション取り付け部など応力が集中する部分を柱状に設えた所謂セミモノコックであるが、概ね薄く硬い外皮で応力を受け止める考えかたと言っていい。要はカブトムシみたいな外骨格生物と同じである。この構造は軽さと剛さを両立させるには合理的だ。ゆえに乗用車は1960年代に軒並み応力外皮セミモノコック構造に転換した。

だがクロカンやSUVは、そちらへの移行が遅かった。野太い鉄パイプをハシゴ型に組んだフレームを床部に敷いた上にボディ上屋が建て込まれるという馬車以来の構造を堅持した。言ってみれば内骨格動物だ。これは開発部門が一緒になることが多かったためにトラックと同じ構造を採らざるを得なかったり、建て込む上屋のバリエーションが多岐に渡ったときに対処しやすいなどの利点もあるけれど、本質的には荒路においてアシまわりから入ってくる大負荷の繰り直しに永く耐えるためであった。良路専用の乗用車は、反応のタイムスケールを切り詰めて高速高負荷高機動時の俊敏性を磨くべくボディ全体の三次元剛性を上げていかねばならないから、それと軽量化を両立できるセミモノコック構造に収斂した。しかし、さほど速くない速度で荒路を走ることを主眼とするクロカンは、そこまでは要求されなかったのだ。

レンジローバーはBMWの傘下で開発した3代目のときに応力外皮セミモノコック構造に転じて、乗り心地はその構造設計とアシまわりのノウハウで確保した。同じクライスラーのジープ部門でも、アルファロメオ・ジュリエッタのプラットフォームを使うチェロキーをはじめセミモノコック化された車種もあるのだが、軍用ジープ直系のラングラーは床にフレームを敷く構造を堅持した。言い添えればジムニーも同じくフレーム構造を踏襲。おれたちは、それを知って、乗る前から胸を撫で下ろしたのだった。

そして今こうして走らせているラングラーの乗り心地はフレーム構造の典型例だった。路面の不整を食らったとき、鋼管フレームがまず入力を受け止めてくれる。ドスンと入る強烈な打撃に対してフレームが剛毅に踏み堪えてくれて振動が一発で収まるのだ。フレーム式ならではのそれは快感である。

しかもラングラーは、同じフレーム構造でもオンロード走行の比重を増したと思しき新型Gクラスあたりとは違って、オフロードに軸足を残したままだから、サスペンションのストロークしろも十分に長く取ってある。ゆえに緩衝系もあからさまに締めてはいない。加えてGクラスのように脳ミソの軽い富裕層にアピールすべく50扁平の20インチなどという強烈なサイズを履かず、抑制を効かせて75扁平の17インチに留めているから、タイヤそのものの起振力も穏やかだ。

ことほど左様に、ラングラーは柔和だが芯があってすっきりした乗り心地を実現しているのである。初代YJ系からラングラーはずっとそうだった。いや、ラングラーと名乗る前の単にジープと呼ばれたころから――。

現在ジープはクライスラー内におけるクロスカントリー車に特化した一部門の銘柄である。けれども、世界中の人々がジープと聞いて思い浮かべるのは、第二次大戦時にアメリカ軍が制式採用した、簡素な構造のボディに幌を被せたあの小柄なオフロード車輛だろう。ラングラーはその正統の末裔だ。そうした歴史的経緯があるから、そして依然として作り手も買い手もこれを重く受け止めているから、ラングラーは鋼管フレーム構造をやめないのだ。そしてまた、こうした出自ゆえにラングラーは2ドア（2＋2座）無蓋のモデルを最もベーシックな姿としてラインナップの基盤に置く。なのだが、販売の主役のほうは今や、3代目TJ系から追加されるようになったロングホイールベース4ドアに移りつつある。現行JL系でも、日本に導入される2ドアは1車種なのに対して、4ドアは3種となっている。言い添えれば、ジープ直系の証として、ルーフがFRP製の脱着式になっている車体バリエーションをラインナップ中の主軸に堅持してもいる。ちなみに搭載エンジンは3.6ℓV6と2.0ℓ直4ターボの2種で、欧州用には2.2ℓ直4と本国用には3.0ℓV6のディーゼルも存在する。日本導入モデル4車種はその順列組み合わせが少々ややこしい。

□スポーツ（2ドア）：V6／脱着ルーフ
□アンリミテッド・スポーツ（4ドア）：V6／脱着ルーフ
□アンリミテッド・サハラ（4ドア）：V6／直4／固定ルーフ
□アンリミテッド・ルビコン（4ドア）：V6／脱着ルーフ

一応、基本的な品揃えは右の一覧のとおりなのだが、V6が早々に売り切れてしまったため、一部グレードで直4搭載車が臨時限定で輸入されている。今回の試乗車も通常ラインアップにはないアンリミテッド・スポーツの直4車だ。

ちなみに最後のルビコンは、オフロード走行に重きを置いたハードコア的な仕様になっている。

まだ雨は降り続く。FRP製の脱着ルーフに雨滴が当たるのが音で分かる。それでも気分は悪くない。乗り心地だけではなく操舵感もラングラーはラングラーのままだったからだ。

JL系ラングラーは古典的な作法に則って、ラック&ピニオンでなくボール循環式の操舵ギアを使っている。

例えば初代と2代目のレンジローバーは前後とも浮動式車軸懸架（日本での通称はリジッドアクスル）だった。凸凹の激しい荒路を走破するには、ストロークが長大になっても耐えられる車軸懸架が最適だったからだ。ただし、車軸式だと左右輪の首を振らせるべく押し引きするアームを車軸と同じ長さに近づけておかないと、ストローク時に両者が描く弧が違ってしまって、大きなトー変化が生まれてしまう。そこで右ハンドルではフロント隔壁の右側に置かれるステアリングギアボックスから、まず左輪に向かって長いアームを突き出し、そして今度は左輪アップライトから右輪に向かって第2アームを突き出す。両アームは、車軸の長さに近くなるので、ストローク時にトー変化が出にくいという寸法だ。この構成を採ろうとするなら、左右輪間にラックギアが横たわって、その先に短いトラックロッドが配されるラック&ピニオンでは不可能であり、ボール循環式を選ばざるを得ないのだ。こういうシッコイ設計を歴代ラングラーも採ってきており、新型JL系でもそれは遵守された。

またボール循環式は、構造的にステアリングギアボック内部における剛性が落ちる。ゆえに舗装路で機動俊敏を狙う場合には不利になるのだが、荒路走行ではそれが逆にありがたく働く。前輪から操舵系へ大きく鋭い応力が入ってきたとき、それがステアリングギアボックス内部で減衰されて、リムへのキックバックが過敏になることを防いでくれるのだ。

さらに言えば、ボール循環式だとピットマンアームの動きを規制するステアリングダンパーが付加されることが多い。左右輪の首を振らせるリンク機構が重なってイナーシャが増加する二重ピットマンアーム方式だと必ずと言っていいほど装備されるのだ。ラングラーも例に漏れない。

こうした操舵系の構成によって、ラングラーの操舵フィールは、しっとりとかまったりとか形容したくなる穏和なものになっている。レンジローバーはＢＭＷ傘下で開発された3代目でラック＆ピニオンに転じたが、ＪＬ系ラングラーは、変える必要と正当性がどこにあるのかと言いたげに以前と変わらぬ操舵系を用いている。

実は、この操舵フィールはパワーアシストの方式にも助けられている。猫も杓子も電動アシストに転じてしまった今でもラングラーはそれを用いない。油圧アシストなのだ。もちろん燃費は無視できないから、エンジン駆動でなく電動ポンプで油圧を生む方式である。

公的な燃費測定は被検査車輛をシャシダイに載せておいて、所定の走行パターンを再現するように加減速をして行う。実際に走らせると例え微修正くらいであってもドライバーは操舵を行ってしまい、そのときアシストを作るためのエネルギーを（電気だろうとエンジン駆動の油圧だろうと）消費してしまう。しかし、台上試験なら操舵系には触らずに済む。電動アシストならばモーターに電気を全く供給しないで済む。かたや油圧アシストだと、操舵は一切行わなくても油圧を規定値まで上げてスタンバイしておくことになる。要するに電動アシストが燃費に効くのは台上試験という仮想シークエンスのみなのだ。現実の路上での話をするならば、電動油圧アシストとのあいだに燃費で大差はつかないだろう。

というよりも2t級の巨躯に、それを動かす大きなエンジンを載せておいて、操舵アシストの機構によって生じる微細な燃費の違いを気にすることがナンセンスである。もちろん自動車メーカーもナンセンスだとは分かっちゃいるのだろうが、予めモーターが操舵ギア系統に組み込まれたアッセンブリーをポン付けして、あとは電線を結ぶだけで済む電動アシスト操舵系のほうが製造工程を思い切り簡略化できるから、ゼニ勘定の上でそっちを採用するのだ。

と話は逸れたが、ナンセンスな道を選ぶ愚を犯さなかったラングラーは理屈どおりの操舵フィールが実現していて麗しい。中立付近はタラタラの鈍さを見せるけれど、それがまた身のこなしの落ち着きに繋がっていて、さらにはそこから先の転舵時にも電動アシストでは得られないリニアリティを発揮してくれて実に心地よい。

ここまで来ればあらためて言うまでもないだろうが、ラングラーはアシもまたゆったりと動く。新型ZW463系G63AMGのように、さしてデキの宜しくもない可変ダンパーまで使ってストロークを規制して緊張感のある乗り心地に至るのでなく、それと対照的にアシを鷹揚に動かして、振る舞いは泰然自若である。

ところで、サスペンションの教科書を見ると、車軸懸架式はバネ下重量が嵩むから乗り心地に悪影響が出ると判で押したように書いてある。確かにバネ下重量が重くなると、その重さが暴れて厄介な乗り心地になる。乗用車のリアが軒並みリジッドだった時代を知っている人にとっては、リア独立懸架は洗練された新世界への移行だった。

だが、それは速度が出せる舗装路を高速で走ろうとしたときに顕著になる問題でもある。荒路が主で、ハイスピード走行をほとんど視野に入れていないクロカンでは、バネ下の重さは瑕として顕在化しにくい。要はどこに狙いを重点的に絞るかであって、少し前から流行り出した最適化というフレーズは、何に対して最適化したのかを明示しなければただの逃げ口上である。メディアずれした技術者や、彼らに煙に巻かれても気づかない取材者に目くらましされてはいけない。

エンジンについての検分を書いてみよう。

既述のように新型ＪＬ系ラングラーは今のところ本国と欧州ではディーゼルも配備されるが、日本では3.6ℓＶ６自然吸気（２８４ps）と2.0ℓ直４ターボ（２７２ps）のガソリン２種のみ。このうち前者の3.6ℓＶ６はクライスラーがダイムラー傘下にいたときに共同で開発を始めたバンク角60度のそれで、両社が袂を分かってからベンツではＭ２７６型、クライスラーでは愛称ペンタスターとなって世に出た。ベンツのほうはＶ６をダウンサイズ過給化して直４に収斂させたからカタログから消えたが、クライスラーはフィアット側と分け合ってペンタスターを現役に留めている。滑らかで爽やかに回って上品に静々と力を出してくる現世に稀な美味エンジンである。

そして今、鼻の先で廻っているのは2.0ℓ直4ターボのほう。クライスラーがハリケーンと仇名していて生産もニュージャージー州トレントン工場だが、その実態はジュリアにもジョルジオの名で積まれているフィアットのＧＭＥ（Global Medium Engine）である。

この2.0ℓ直4ターボ、２０１６年にお目見えした新顔のわりには反応がどことなく茫洋としている。１５００ｒｐｍ以下では寝たふりをして全く反応しない。２ℓで２７２psを引き出すために大きなタービンを用いているのだろうか。加えて電制スロットルの設定も意図的に鈍く仕立てられている様子。不整地を走って車体が激しく揺すられたとき、それによって運転者まで揺れて馬力が暴れることのないようにしているのだろう。加えて、回転フィールも何だかゴワゴワしている。乗用車と違って音振対策に注力しなかったのかもしれない。

だが、その茫洋ゴワゴワがフレーム構造の車体の様子や件の鷹揚な動きに似合っていて、欠点だとは感じられない。クルマ全体では決して悪い印象を覚えないのだ。

また、組み合わされるトランスミッションも、このエンジンやクルマの全体感に似合っている。

８段の遊星ギア＋トルコン式ステップＡＴであるそれは、クライスラーの伝統的な流儀でトルクフライト850RE型などと命名されているが、実態はZF製8HP。8HPといえば変速の素早さとキレで当代随一と賞されるATだが、それはBMWに載ったものに限った印象であり、アルファロメオやジャガーに載っている仕様は変速も幾分ドロンと鈍くなっていてダウンシフトの頻度も下がっている。ところがラングラーが載せているこの仕様は、さらに長閑な印象だ。自動変速モードにおいてアップシフトやダウンシフトは、なるだけそれを避けてエンジンにリキを出させようとしている雰囲気。それゆえ呑気な印象が相乗するのである。

なるほど、ここも一貫性を持たせたのかと思って、ふとアクセルを一気に大きく開けてみたら驚いた。一気に2段飛ばしでシフトダウンしエンジンが俄然ウォーンと吹け上がって、アシの柔らかなラングラーは鎌首もたげて加速体勢に入った。このあたりの振る舞いはアメリカ製SUVに伝統のそれ。北米の顧客の嗜好はしっかり押さえているのだ。もちろん、その使い分けは節度があって悪くない。

4WD駆動系にも触れておこう。

最もハードコアなアンリミテッド・ルビコンの本国仕様には、ローの減速比がハイの4倍で、2WDと4WDは切り替え式（つまり所謂パートタイム）のNV241OR型が使われる。クライスラーの商品名はロックトラックである。ただし日本仕様は、後述するフルタイム4WD機構となり、そこに前後軸のデフロック機能を加えたものになる。

そして試乗車アンリミテッド・スポーツを含む他の仕様は、ローがハイの2・717倍になるMP3022型トランスファーを使う。これはセンターデフを廃して前後を電制多板クラッチで結んだもの。クラッチを完全に切り離した状態が2WDハイのモードで、完全に結ぶのは4WDパートタイムとロー。4WDオートでは電制で締結の度合いが変わるフルタイム4WDである。ちなみに、米本国の広報資料では完全締結をトルク配分50：50みたいに書いているが、リジット4WDなのだからトルク配分は前後輪荷重に比例する。試乗車の前後荷重配分は1030kg：920kgで53：47。これを基本にして、加減速の状況によって配分が変わってくるわけだ。未舗装路や低μ路のためのリジッド4WDと、クルーズモードで舗装路を行くときの2WDハイ、そして荒路ではクルーズモードの4WDオートとマニューバモードの4WDローが選べる。これはセレクトラックと名づけられている。

興味あるかたがいるといけないから付記しておくと、トランスファーの命名法には規則がある。ＮＶはNew Venture Gear。ＧＭとクライスラーが１９９０年に共業で設立した駆動系メカ会社で、現在はマグナパワートレインの子会社になっている。ＭＰはその親会社のアクロニムだ。

さて、確かめると試乗車はトランスファーをハイ側に入れた通常ギア比の状態だと、１００㎞／h時に８速が１４００ｒｐｍ、７速が１８００ｒｐｍ、６速が２２００ｒｐｍ、５速が３０００ｒｐｍ、４速で４６００ｒｐｍといった按配。この減速比を２・７１７倍にしたら日本の公道では走りづらいことこの上ないのでローには入れなかった。

４ＷＤパートタイムだと前後がリジッドに結ばれて、所謂タイトターン時ブレーキング現象が出る。ただし、それが明瞭に伝わってくるのは舵角90度を超してから。つまり直進や高速道路くらいの曲率では、その雑味は舵感にほとんど混じってこない。

またフルタイム４ＷＤ状態でも、小さいコーナーからの立ち上がりでは４輪が効いている感じがあるにはある。とはいえ、本格的なセンターデフとその差動制限システムを持たないのだから、それを備えるアウディやスバルのフルタイム4WDようにパワーオンで後ろが蹴りながら回り込むような鮮烈な動きは出てこない。今回は、そういう場面を作れなかったけれど未舗装路で4WDのローやパートタイムにすれば、前後荷重の配分に比例して等価的にトルクが分配されるから、ニュートラルステアで回り込む動きを味わえただろう。

面白かったのは2WDにした際にフロントの音振感が変わること。こちらのほうがザワザワゴソゴソが増すのだ。おそらく4WDだと常にトルクが前に伝わっているために、アシまわりの微動が規制されるのだろう。

最後に操縦性にも一応触れておく。これもまた右記の鷹揚な振る舞いの範疇に含まれるそれだった。つまり、曲がりたがるわけでもなく、曲がりたがらないわけでもなく、のっそりと穏やかに旋回は完了する。最も使用頻度が多くなるだろう4WDオートでも、また4WDパートタイムでも、その点はあまり変わらない。あくまで穏和に安定方向で走るのだ。付け加えるならば、その場合、レンジローバーのように、進入時にブレーキを離して前を沈めずに入って、後半でパワーオンして4輪で脱出するようなメソッドを明確にクルマが指定するわけでもなく、切ったらいつでも穏やかに曲がる躾がされていた。

特記しておきたいのはブレーキ。初めは所謂オーバーサーボ気味に遊びの先で急に制動が強く立ち上がるような感触だった。だが、試乗途中で気がついて、靴をいつものソールが薄く柔らかいモカシン型から、クロカン用に用意してあったワークブーツに履き替えたら、リニアリティが満足できるものに変わった。ラングラーのような真っ当なクロカンをドライビングシューズで運転する奴はいないだろう。ゴツく重い靴でペダルを踏む想定でチューニングするのは当然である。そのあたりもラングラーは抜かりなく正しかった。


さて、30ページほど書いてきた。おれとしては書くべきことは書き切ったと感じている。だが皆さんは思うかもしれない。何でもかんでもアクセルを踏み込まないといられないようなお前が、ゆっくり走ったときの話に限定して話を済まそうとするのかと。

確かにおれはスペック表に６００psと書いてあれば、それを確かめることができるようなシークエンスに可能な限り試乗時に持っていこうとする。マクラーレンだのフェラーリだのに乗っておいて、ゆっくり走って「佳いクルマ」だのと言いたくないし、それでは読んでくれる方々の期待に応えられないと思っているからだ。

しかし、このＪＬ系ラングラーの場合、そういう風にしか走りたくならなかったのだ。

これはおれにとってきわめて稀有なことである。軽トラだろうとオープンカーだろうと、取りあえずはいったん阿呆みたいに踏んでみるのが身についた試乗時の習いである。しかし、それをＪＬ系ラングラーは拒んだ。雨だったせいではない。歳のせいでもない。ラングラーのせいだ。

ラングラーはクルマ全体が、そういう緩やかなスピードで走らせるようにおれを促していた。ここまで書いてきたシートの座り心地から、ＮＶＨから、脚さばきから、上屋の振る舞いから、操舵フィールから何から、全てが一致して混然一体となって乗る者をゆったりとした走らせかたに引き込んでいく。もちろん仕事の試乗だから、速度も負荷も高いところまで試した。なのにいつの間にか穏やかに流すような運転に帰着している。強いられている感覚はない。なのに、どうしてもそうやって走ってしまうのである。

自動車には往々にしてスウィートスポットがある。速度とかヨー求心加速Ｇとか横方向加速度とかいった単純な数値で表せることではない。反応の機敏性などタイムスケールまで込み――リズム感とでも言いたくなる時の刻みかた――のそれは焦点だ。そのスウィートスポットに入ったときクルマは勝手に生き生きと走り出す。おそらく作り手のほうが、そのシークエンスに焦点を絞って仕込んだのだろう。クルマのほうで、こうやって走らせてほしいと言ってくるのだ。その主張が明瞭なほど評価は高くなる。日産R35系GT－Rのようにリズム感が一切なくてどのテンポでも一様に圧倒的な性能を誇示してくるクルマもあるが例外的だ。そのスウィートスポットは、例えば歴代ロードスターのように日本のタイトな峠道を2〜3速で駆けるシークエンスに埋め込まれている場合もあるし、プジョー佳作車のように中速コーナーを3〜4速領域で加減速をあまりせずに走らせたときに浮上する場合もあるし、フェラーリのように意を決して踏み込んでいったときに焦点が合ってくる場合もある。ラングラーの場合はそれが急くことなくゆったりと走らせるときがスウィートスポットなのだ。そのスウィートスポットは、速度で言えば東京近郊の空いた夜の街道筋の流れから少しずつ置いていかれるくらいで、身のこなしで言えば交差点を曲がるときに後続車が微妙にイラつくのが分かるくらいの動きである。

記憶を探ったら先代のラングラーもそうだったことを思い出した。その刹那にちらりと脳裏をよぎったものがあったので脳内を検索したら先代の後期型マスタングV8だった。三浦半島から湘南海岸というコースで時間の縛りなく試乗したときだ。ただし、あのマスタングよりも質量が大きく重心が高いせいか、ラングラーはもっとずっと悠揚迫らぬ動きになっている。5速全開でトラコン効かすの上等とか言ってる奴がそういう運転になってしまうのだ。ラングラー。凄いクルマである。

この項の大半を占める観察検分の文章は、実はいつものように神経を尖らせて目を三角にして診とって記したものではない。ラングラーは、自撮り写真の修正アプリみたいに小賢しく電制で厚化粧する世の乗用車どもとはかけ離れた、機械の構成をそのまま伝えてくる嘘のないクルマだったから、大袈裟に言えば潜在意識下のオートメーションでそれら検分が済んでしまったのだ。スタティックな車輛検分が潜在意識下で行われていたのであれば、意識の表層には何が漂っていたのか。それはラングラーの優しさと、優しさに浸って潤う情緒。ラングラーは、乗っていると心がどんどん穏やかになっていくクルマだった。ラングラーは優しく、雨の夜は穏やかに更けていった。これが仕事であることを忘れそうになるほど。

（ＦＭＯ　２０１９年11月20＆27日号）

あとがき

かつて自動車専門誌には、歴史に名を残した偉人の評伝がしばしば載っていました。でも、最近はあまり見かけません。

歴史というのは、それを記述する時点によって、記述する者が立つスタンスによって、かなり変わってくるものです。また、読み手の水準によっても変わってくるわけです。小学校の学級文庫に収めるような本は、分かりやすく凄い人だ天才だと書き連ねてあることが多いですが、人格形成期にある子供たちの志を養うという意味においてなら、そういうキレイゴトに終始する書きかたも肯定されるかもしれません。でも、自動車メディアに載る偉人伝まで、そういう類ばかりなのはどうしたことでしょう。書こうとする者がいないのか、需要がないと編集側が思っているのか知りませんが、偶に見かけても学級文庫に毛が生えた程度です。

そんな中で最も目を覆いたくなるのがフェルディナント・ポルシェについての評伝です。同じ黎明期の巨人でも、ダイムラーは弟子のマイバッハに仕事を丸振りして大枠の指示だけ出してふんぞり返っていただけだったとか、ベンツは発明で一発当てようとエンジン以外のあれこれにも手を出していた山師成分が多分にあった人物だとか、今日では色々と踏み込んだ書き物が出てきています。しかし、この人に関しては事績の上っ面を撫でるだけで、鉦と太鼓で天才だと持ち上げる文章ばかり。まるで新興宗教の如し。

十年一日の如きそんな状態に、おれはあらためてこの人のことを調べてみたくなったのです。その成果が本書には収めてあります。片っ端から書き連ねていくと分厚い評伝書籍になってしまうので、ここでは彼の人を知るときに重要なルーツやフォルクスワーゲンについて、そして端折られることが多い第二次大戦末期の混乱の詳細に絞って書きました。ちゃんと調べれば苦もなく分かることばかりなのに調べようとしなかったのかなあ。本当にフェルディナント・ポルシェを尊敬していたんでしょうか。

実は、この評伝には続編がありまして、それは息子フェリーの代になってから、VW支配下に入った現在に至るポルシェ社の歩み。次巻で、それをお届けできると思います。

沢村　慎太朗

初出
「沢村慎太朗ＦＭＯ」　モータージャーナル事務局　http://motorjournal.jp

クルマが好きなひとのメディアを作ろう

クルマ好きな人たちのための読み物が絶滅しかかっています。タイアップ記事だろうが広告売上が大きかろうが、本当のクルマ好きが読むに値する記事でさえあればいいのです。しかし、結果として既存メディアがそういうものになっているとは思えません。そこが問題です。

モータージャーナルＦＭＯはそういう状況に飽き飽きした人に向けた週刊メールマガジンです。目的は極めてシンプル。「読むに値するものを提供する」。発行部数なんかに価値は感じませんし、複雑な集金システムが書き手を拘束するならそんなものも要りません。

ＦＭＯとはFor Members Only の意味。沢村慎太朗を信頼できる人だけが毎月１０８０円を払って記事を読み、沢村慎太朗は読者の信頼に応える記事を書きます。ページレイアウトに収めるための文字数制限も、広告への配慮もありません。写真もないただのテキストですが読み手のことだけ考えて書きます。そうして書いたものが、今回色々な方のご協力を得て1冊にまとまりました。もしあなたがこの記事を求めていたならば、来週から沢村慎太朗はあなたのためにメールマガジンの原稿を書きます。

モータージャーナル事務局

http://motorjournal.jp

午前零時の自動車評論 17

二〇二〇年八月二十五日　第一刷発行

著　　者　沢村 慎太朗
編　　集　星賀 偉光
装丁デザイン　木村 貴一
印刷・製本　図書印刷株式会社
発 行 人　平井 幸二
発 売 元　株式会社文踊社
〒二二〇－〇〇一一　神奈川県横浜市西区高島二－三－二十一　ABEビル四F
TEL　〇四五－四五〇－六〇一一

ISBN978-4-904076-77-4
価格はカバーに表示してあります。